濒危鸟宁夏生态图志

杨晨希　袁海龙　石　淳　　编　著

黄河出版传媒集团
阳　光　出　版　社

图书在版编目（CIP）数据

濒危鸟宁夏生态图志 / 杨希晨, 袁海龙, 石淳编著
. -- 银川：阳光出版社, 2023.3
ISBN 978-7-5525-6766-3

Ⅰ. ①濒… Ⅱ. ①杨… ②袁… ③石… Ⅲ. ①濒危动物－鸟类－宁夏－图集 Ⅳ. ①Q959.708-64

中国国家版本馆CIP数据核字(2023)第046218号

濒危鸟宁夏生态图志
杨晨希　袁海龙　石　淳　编著

责任编辑　李媛媛　贾　莉　赵维娟
封面设计　蒋海燕
版式设计　陈　倩
责任印制　岳建宁

黄河出版传媒集团
阳　光　出　版　社　出版发行

出 版 人　薛文斌
地　　址　宁夏银川市北京东路139号出版大厦（750001）
网　　址　http：//www.ygchbs.com
网上书店　http：//shop129132959.taobao.com
电子信箱　yangguangchubanshe@163.com
邮购电话　0951-5047283
经　　销　全国新华书店
印刷装订　宁夏银报智能印刷科技有限公司
印刷委托书号　（宁）0025751

开　　本　889mm × 1194 mm　1/12
印　　张　14
字　　数　100千字
版　　次　2023年3月第1版
印　　次　2023年3月第1次印刷
书　　号　ISBN 978-7-5525-6766-3
定　　价　168.00元

前　言

近年来，党中央和国务院高度重视生物多样性保护工作，将生物多样性保护上升为国家战略，发布了《中国生物多样性保护战略与行动计划（2011—2030年）》。全球9条候鸟迁徙路线中有4条经过中国。宁夏作为全球东亚—澳大利亚、中亚以及中国西部鸟类重要的迁徙路线和繁衍地，在生物多样性保护战略与行动中具有重要的位置。宁夏的森林覆盖率逐年增加，沙漠治理土地面积逐年增加，水土流失面积逐年减少，野生动植物资源稳中有升，为濒危物种的种群与栖息地恢复奠定了基础。但是长期以来，资源过度利用、栖息地丧失和片断化、环境污染等因素，致使宁夏生物多样性保护形势依然严峻，特别是由于目前对受威胁状况缺乏全面的了解，影响了生物多样性的有效保护。了解清楚宁夏濒危鸟类的受威胁状况，将为宁夏重点保护物种的确定、国土空间开发和生态功能区的划分及各类保护地规划设计提供重要参考依据。

宁夏鸟类区系和生物多样性极为复杂和丰富，主要分布在六盘山、罗山、贺兰山等山地、黄河流域的滩涂湿地和内陆湖泊。其中有多种国家一、二级保护鸟类，如遗鸥、黑鹳、大鸨、白肩雕、白尾海雕、灰鹤、贺兰山红尾鸲、贺兰山岩鹨等。这些珍稀的鸟类中，大部分处于濒危状态，总共有67种鸟类处于极危、濒危、易危和近危的受威胁状态，如何拯救这些濒危鸟类是宁夏生物多样性保护面临的一项艰巨任务。依据宁夏鸟类野生种群与生境现状，利用IUCN红色名录划分标准，编写了《濒危鸟宁夏生态图志》。图志介绍了宁夏濒危鸟类的种类和栖息地状况，为确定保护的关键种群和栖息地提供了依据。

在整理出版此书的过程中，得到了北方民族大学生物科学与工程学院各位领导及老师的支持，也得到了众多鸟友的帮助，在此表示诚挚的感谢。由于我们的知识理论有限，书籍中如有不妥之处，敬请各位读者批评指正。

编　者

2023年1月5日

北方民族大学文库

《濒危鸟宁夏生态图志》编委会

中国生物多样性红色名录（鸟类）

RE： 厍翅鸡、赤颈鹤、白鹳

CR： 海南孔雀雉、绿孔雀、青头潜鸭、长尾鸭、白头硬尾鸭、爪哇金丝燕、白鹤、勺嘴鹬、中华凤头燕鸥、黑头白鹮、黑兀鹫、毛腿雕鸮、冠斑犀鸟、双角犀鸟、棕颈犀鸟、蓝冠噪鹛、黑冠薮鹛、黄胸鹀。

EN： 四川山鹧鸪、海南山鹧鸪、松鸡、黑嘴松鸡、黄腹角雉、白尾梢虹雉、绿尾虹雉、白冠长尾雉、灰孔雀雉、棉凫、中华秋沙鸭、紫林鸽、绿黄鸠、大鸨、波斑鸨、白枕鹤、丹顶鹤、白头鹤、小青脚鹬、遗鸥、东方白鹳、朱鹮、黑脸琵鹭、海南鳽、白鹈鹕、斑嘴鹈鹕、卷羽鹈鹕、乌雕、白肩雕、玉带海雕、虎头海雕、褐渔鸮、黄腿渔鸮、花冠皱盔犀鸟、大黄冠啄木鸟、猎隼、蓝背八色鸫、鹊鹂、细纹苇莺、灰冠鸦雀、弄岗穗鹛、巨䴓、丽䴓、黑喉歌鸲、棕头歌鸲、贺兰山红尾鸲、白喉石䳭、栗斑腹鹀。

VU： 白眉山鹧鸪、红胸山鹧鸪、柳雷鸟、红喉雉鹑、黄喉雉鹑、阿尔泰雪鸡、红胸角雉、褐马鸡、白颈长尾雉、黑颈长尾雉、栗树鸭、鸿雁、小白额雁、红顶绿鸠、花田鸡、白喉斑秧鸡、长脚秧鸡、斑胁田鸡、紫水鸡、黑颈鹤、林沙锥、大杓鹬、大滨鹬、红腹滨鹬、黑嘴鸥、短尾信天翁、黑鹳、黄嘴白鹭、林雕、靴隼雕、草原雕、金雕、白腹隼雕、栗鸢、白腹海雕、白尾海雕、大鵟、四川林鸮、鬼鸮、白喉犀鸟、蓝须夜蜂虎、斑头大翠鸟、白腿小隼、黄爪隼、大紫胸鹦鹉、绯胸鹦鹉、双辫八色鸫、蓝枕八色鸫、栗头八色鸫、绿胸八色鸫、仙八色鸫、大盘尾、黑头噪鸦、黑尾地鸦、白尾地鸦、歌百灵、蒙古百灵、远东苇莺、东亚蝗莺、台湾鹎、海南柳莺、暗色鸦雀、金额雀鹛、黑额山噪鹛、白点噪鹛、灰胸薮鹛、四川旋木雀、滇䴓、淡紫䴓、鹩哥、褐头鸫、金胸歌鸲、白喉林鹟、贺兰山岩鹨、禾雀、藏雀、藏鹀、硫黄鹀。

NT： 白颊山鹧鸪、褐胸山鹧鸪、台湾山鹧鸪、绿脚山鹧鸪、斑尾榛鸡、黑琴鸡、岩雷鸟、雪鹑、暗腹雪鸡、藏雪鸡、大石鸡、中华鹧鸪、蓝胸鹑、血雉、红腹角雉、棕尾虹雉、红原鸡、黑鹇、蓝腹鹇、白马鸡、藏马鸡、蓝马鸡、黑长尾雉、红腹锦鸡、白腹锦鸡、疣鼻天鹅、小天鹅、大天鹅、鸳鸯、罗纹鸭、花脸鸭、白眼潜鸭、斑脸海番鸭、黑海番鸭、赤颈䴙䴘、角䴙䴘、大红鹳、斑尾鹃鸠、橙胸绿鸠、灰头绿鸠、厚嘴绿鸠、黄脚绿鸠、针尾绿鸠、楔尾绿鸠、山皇鸠、黑腹沙鸡、短嘴金丝燕、灰喉针尾雨燕、紫针尾雨燕、翠金鹃、紫金鹃、红胸田鸡、沙丘鹤、灰鹤、鹮嘴鹬、距翅麦鸡、长嘴剑鸻、小嘴鸻、水雉、半蹼鹬、斑尾塍鹬、小杓鹬、白腰杓鹬、小鸥、大凤头燕鸥、河燕鸥、长嘴斑海雀、扁嘴海雀、黑背信天翁、黑脚信天翁、黑叉尾海燕、红脚鲣鸟、海鸬鹚、彩鹮、白琵鹭、小苇鳽、黑冠鳽、鹗、黑翅鸢、胡兀鹫、凤头蜂鹰、褐冠鹃隼、兀鹫、高山兀鹫、秃鹫、蛇雕、短趾雕、凤头鹰雕、鹰雕、棕腹隼雕、凤头鹰、褐耳鹰、苍鹰、白头鹞、白腹鹞、白尾鹞、草原鹞、鹊鹞、乌灰鹞、渔雕、灰脸𫛭鹰、毛脚𫛭、棕尾𫛭、黄嘴角鸮、优雅角鸮、雪鸮、雕鸮、林雕鸮、褐林鸮、灰林鸮、长尾林鸮、乌林鸮、猛鸮、花头鸺鹠、横斑腹小鸮、鹰鸮、日本鹰鸮、短耳鸮、仓鸮、草鸮、栗鸮、橙胸咬鹃、红头咬鹃、红腹咬鹃、黄喉蜂虎、棕胸佛法僧、蓝胸佛法僧、黄纹拟啄木鸟、黄腰响蜜䴕、白翅啄木鸟、白腹黑啄木鸟、黄冠啄木鸟、大金背啄木鸟、大灰啄木鸟、红腿小隼、西红脚隼、红脚隼、灰背隼、猛隼、矛隼、游隼、蓝八色鸫、蓝翅八色鸫、长尾阔嘴鸟、银胸丝冠鸟、朱鹂、淡绿鵙鹛、小盘尾、紫寿带、栗背伯劳、北噪鸦、白翅蓝鹊、蓝绿鹊、黄胸绿鹊、塔尾树鹊、白颈鸦、冕雀、杂色山雀、白眉山雀、四川褐头山雀、草原百灵、四川短翅蝗莺、巨嘴短翅蝗莺、矛斑蝗莺、斑背大尾莺、纯色岩燕、黄绿鹎、华西柳莺、日本冕柳莺、灰岩柳莺、凤头雀莺、火尾绿鹛、三趾鸦雀、白眶鸦雀、金色鸦雀、短尾鸦雀、震旦鸦雀、细钩嘴鹛、长尾鹩鹛、棕喉鹩鹛、楔嘴鹩鹛、黑胸楔嘴鹩鹛、棕胸雅鹛、中华草鹛、大草鹛、棕草鹛、画眉、海南画眉、台湾画眉、眼纹噪鹛、栗颈噪鹛、灰头薮鹛、银耳相思鸟、白尾䴓、黑头䴓、白脸䴓、金冠树八哥、四川淡背地鸫、喜山淡背地鸫、黑胸鸫、黑胸歌鸲、棕腹林鸲、锈腹短翅鸫、棕薮鸲、绿背姬鹟、丽星鹩鹛、和平鸟、金额叶鹎、朱鹀、藏雪雀、黑头蜡嘴雀、拟大朱雀、台湾酒红朱雀、藏黄雀、黄雀、铁爪鹀、黄鹀、白眉鹀、田鹀、栗鹀、红颈苇鹀。

（根据蒋志刚等《中国生物多样性红色名录脊椎动物第二卷鸟类》（2021 年 3 月）整理）

使用说明

一　地理范围　宁夏回族自治区全域境内

二　时间范围　2012 年 9 月至 2023 年 3 月

三　生态类群

游禽：常在水中游泳生活的鸟类，腿一般较短且着生位置偏后，具蹼。

涉禽：栖于水边涉水生活的鸟类，腿较长，不会或很少游泳。

陆禽：适于地面步行的鸟类，腿健壮，包括鸡形目和鸽形目。

猛禽：主要捕食小动物或食腐的鸟类，嘴具钩，脚爪钓曲锐利，包括鹰形目、隼形目和鸮形目鸟类。

攀禽：多为树栖且善于攀树的鸟类。

鸣禽：擅长鸣叫、活动灵敏的鸟类，鸣管和鸣肌发达，体型较小，包括雀形目。

四　保护级别

本书出现的保护级别是指国家一级重点保护野生动物和国家重点二级保护动物。

五　濒危等级

依据蒋玉刚、张雁云、郑光美《中国生物多样性红色名录脊椎动物第二卷鸟类》（2021）对受威胁鸟类分等级整理。

RE：区域灭绝（RegionallyExtinct）

CR：极危（CriticallyEndangered）

EN：濒危（Endangered）

VU：易危（Vulnerable）

NT：近危（NearThreatened）

六　现状评估

根据鸟类鸟的种群、数量、迁徙的时间、路径以及各栖息地地区性生态、地质等因素评估，分为易见鸟、难见鸟、罕见鸟三种。

易见鸟：容易观到且频次较高，容易获取数据资料且丰富的鸟类。

难见鸟：不容易看到且频次低，获取数据信息相对困难的鸟类。

罕见鸟：极不容易看到且频次极低，获取数据资料极少且具有地区唯一性特征的鸟类。

七　本书的图片资料，除署名之外，著作权均系杨晨希和袁海龙所有。

目录

CONTENTS

青头潜鸭

Baer's Pochard

Aythya baeri

基础链接

分类地位 雁形目 Anseriformes 鸭科 Anatidae

外形特征 体长约 46 cm。雄鸟头部墨绿色具光泽，上背深褐色，颈基部至下胸栗红色和头部颜色对比明显，腹部白色延伸至胁部，与栗褐色相间而形成杂乱渲染的条状斑块，尾下覆羽呈白色三角状，翼境白色。雌鸟头部黑褐色，喙基具一栗色斑，上背深褐色，胸部深棕色，胁部棕白相间，翼境和尾下覆羽白色。

保护状况 保护级别：国家一级重点保护野生动物

红色名录等级：CR

地理分布 国内除新疆、海南外，其余各省区均有分布。

生态类群 游禽

写真宁夏

生态环境 繁殖期主要栖息在富有芦苇和蒲草等水生植物的小湖中，在山区森林地带多水草的小型湖泊、水塘和沼泽地带也常出入。冬季多栖息在大的湖泊、江河、海湾、河口、水塘和沼泽地带。不喜欢水流湍急的河流。常成对或成小群活动在水边水生植物丛中或附近水面上。

记录分布 记录见于黄河滨河大道水系永宁段，时间多为3月份。

现状属性 罕见鸟

图片注解 图A 2020 年 3 月 16 日，银川市永宁县。

图B 2018 年 3 月 18 日，银川市永宁县。

A

B

长尾鸭 | Long-tailed Duck *Clangula hyemalis*

基础链接

分类地位 雁形目 Anseriformes 鸭科 Anatidae

外形特征 体长约 58 cm。冬季雄鸟：中央尾羽延长，胸黑，颈侧有大块黑斑。冬季雌鸟：褐色而头、腹白。顶盖黑色，颈侧有黑斑。飞行时，黑色翼下羽及白色腹部的搭配特别显眼。雄鸟胸部的黑色斑块为本种特征。

保护状况 红色名录等级：CR

地理分布 国内分布于黑龙江，吉林，辽宁东部，北京，天津，河北东北部，山东，河南，山西，内蒙古东部，甘肃，新疆，四川中部，重庆，湖南，江苏，浙江，福建，广东等。

生态类群 游禽

写真宁夏

生态环境 长尾鸭有两种不同生境的栖息地，夏天出没于草地和矮桦树林，包括苔原植被区。冬季栖息于沿海浅水区和泻湖，少见于淡水中。

记录分布 记录见于银川灵武湖泊中。

现状属性 罕见鸟

图片注解 A 2021 年 1 月 9 日，银川市灵武市。

B 2020 年 12 月 31 日，银川市灵武市。

C 2022 年 1 月 16 日，银川市灵武市。

黄 胸 鹀 | Yellow-breasted Bunting *Emberiza aureola*

基础链接

分类地位　雀形目 Passeriformes 鹀科 Emberizidae

外形特征　体长约 15 cm。繁殖期雄鸟：顶冠及颈背栗色，脸及喉黑，黄色的领环与黄色的胸腹部间隔有栗色胸带，翼角有显著的白色横纹。非繁殖期的雄鸟：色彩淡许多，颏及喉黄色，仅耳羽黑而具杂斑。雌鸟及亚成鸟：顶纹浅沙色，两侧有深色的侧冠纹，几乎无下颊纹，形长的眉纹浅淡皮黄色。

保护状况　保护级别：国家一级重点保护野生动物

红色名录等级：CR

地理分布　国内除新疆、西藏、青海、云南外，见于各省。

生态类群　鸣禽

写真宁夏

生态环境　喜欢在平原的灌丛，苇丛、农田等低矮植物构成的生境中活动。

记录分布　记录见于固原彭阳。

现状属性　罕见鸟

图片注解　2020 年 5 月 17 日，固原市彭阳县。摄影 / 何志远

中华秋沙鸭 Scaly-sided Merganser *Mergus squamatus*

基础链接

分类地位 雁形目 Anseriformes 鸭科 Anatidae

外形特征 体长 49～63 cm。嘴长而窄，呈红色；鼻孔位于嘴峰中部，羽冠长而明显，成双冠状。雄鸟的头和上背及肩羽黑色；下背、腰和尾上覆羽白色，杂以黑色斑纹；长而窄近红色的嘴，嘴形侧扁，前端尖出，其尖端具钩。黑色的头部具厚实的羽冠。下体近白色，两胁羽片白色而羽缘及羽轴黑色形成特征性鳞状纹。雌鸟的头和颈棕褐色；上背褐色；下背、腰和尾上覆羽由褐色逐渐变为灰色，并具白色横斑；尾黑褐色，沾灰色；下体白色，肩和下体两侧具鳞状斑。

保护状况 保护级别：国家一级重点保护野生动物

红色名录等级：EN

地理分布 国内分布于黑龙江，吉林，辽宁，北京，天津，河北，山东，河南，陕西，内蒙古东北部，宁夏，甘肃，青海，云南西北部，四川，贵州，湖北，湖南，安徽，江西，江苏，上海，浙江，福建，广东，广西，台湾等。

生态类群 游禽

写真宁夏

生态环境 生活在林区内的湍急河流，有时在开阔湖泊成对或以家庭为群。

记录分布 记录见于六盘山泾源河流，另吴忠青铜峡有活体样本记录。

现状属性 罕见鸟

图片注解 2020 年 3 月 17 日，固原市泾源县。摄影 / 马建军

大鸨 Great Bustard *Otis tarda*

基础链接

分类地位　鸨形目 Otidiformes 鸨科 Otididae

外形特征　雄鸟体长约 105 cm。头颈灰色，颈基部至前胸棕色，上体棕褐色，遍布黑色虫蠹状斑纹；大覆羽白色，初级飞羽末端和次级飞羽大部分呈黑褐色，整个下体白色，尾羽栗棕色且具黑色横斑。雄鸟繁殖羽颏喉部具白色纤羽，呈胡须状。雌鸟体型较小，体长约 75cm，前胸无栗色带，其余似雄鸟。

保护状况　保护级别：国家一级重点保护野生动物

红色名录等级：EN

地理分布　国内分布于黑龙江，吉林，辽宁，北京，天津，河北，山东，河南，山西，陕西，内蒙古，宁夏，甘肃，青海，四川，贵州，湖北，安徽，江西，江苏，上海等。

生态类群　陆禽

写真宁夏

生态环境　栖息在开阔的平原，干旱草原和半荒漠地区，也出现于河流，湖泊沿岸和邻近的干湿草地，宁夏地区每年常常出现在黄河两岸的农田之中，也出现在黄河开阔的河中浅滩。

记录分布　分布银川、石嘴山、吴忠、中卫、固原，多见于银川永宁、石嘴山平罗冬季的稻田、玉米田和豆田之中。

现状属性　易见鸟

图片注解　A　2022 年 1 月 30 日，石嘴山市平罗县。

B　2020 年 11 月 13 日，银川市贺兰县。

C　2018 年 1 月 29 日，银川市贺兰县。

D　2019 年 3 月 7 日，银川市贺兰县。

E　2021 年 11 月 21 日，银川市贺兰县。

A

B

C

E

白 枕 鹤 | White-naped Crane *Grus vipio*

基础链接

分类地位　鹤形目 Gruiformes 鹤科 Gruidae

外形特征　体长约 120 cm。灰白色鹤。脸侧裸皮红色，边缘及斑纹黑色，喉及颈背白色。枕、胸及颈前之灰色延至颈侧成狭窄尖线条。初级飞羽黑色，体羽余部为不同程度的灰色。

保护状况　保护级别：国家一级重点保护野生动物
红色名录等级：EN

地理分布　国内分布于黑龙江，吉林，辽宁，北京，天津，河北，山东，河南，内蒙古，新疆北部，湖南，安徽，江西，江苏，上海，浙江，福建，台湾等。

生态类群　涉禽

写真宁夏

生态环境　栖息于开阔的平原芦苇沼泽和水草沼泽地带，也栖息于开阔的河流及湖泊岸边，有时出现于农田和海湾地区，尤其是迁徙季节。

记录分布　记录见于石嘴山惠农（与灰鹤混群）。

现状属性　罕见鸟

图片注解　2022 年 2 月 8 日，石嘴山市惠农区。
摄影 / 陈小组

白 头 鹤 | Hooded Crane *Grus monacha*

基础链接

分类地位 鹤形目 Gruiformes 鹤科 Gruidae

外形特征 体长约 100 cm。体羽主要为暗石板灰色，并缀有褐色。两眼前方、额和前顶都有密集的黑色刚毛；头顶皮肤裸露部为朱红色；头部其余部分及颈部的三分之二为白色。飞羽灰黑色，次级和三级飞羽延长弯曲成弓状，尾羽黑色。

保护状况 保护级别：国家一级重点保护野生动物

红色名录等级：EN

地理分布 国内分布于黑龙江，吉林，辽宁，北京，天津，河北，山东，河南，内蒙古，云南西北部，贵州，湖北，湖南，安徽，江西，江苏，上海，浙江，福建，台湾等。

生态类群 涉禽

写真宁夏

生态环境 栖息于河流、湖泊的岸边泥滩、沼泽和芦苇沼泽及湿草地中。

记录分布 记录见于吴忠青铜峡（与灰鹤混群）。

现状属性 罕见鸟

图片注解 2021 年 3 月 2 日，吴忠市青铜峡市。

遗鸥 Relict Gull *Ichthyaetus relictus*

基础链接

分类地位 鸻形目 Charadriiformes 鸥科 Laridae

外形特征 体长 40 ～ 45 cm。雌雄相似。喙比例较小且喙底微凸，暗红色，冬季基部会变淡。成鸟繁殖羽具有棕黑色的头罩和明显的白色眼圈；上体和翅上覆羽浅灰色，停栖时三级飞羽形成新月状白斑，初级飞羽末端黑色且具白斑，飞行时可见两枚明显的翼镜；翅下覆羽几乎全为灰白色。非繁殖羽无头罩，白色眼圈可见，耳羽有暗灰色斑点，头顶和枕部有深色条纹。第一年冬羽头部白色，后颈有纵纹；上体、内侧初级飞羽、大覆羽和大部分中覆羽灰色，小幅羽和中覆羽末端褐色，初级覆羽和外侧初级飞羽黑色，次级飞羽和内侧初级飞羽具黑色次端斑，形成独特的翅上图案；尾羽白色并具有狭窄的黑色次端斑尾带。

保护状况 保护级别：国家一级重点保护野生动物

红色名录等级：EN

地理分布 国内分布于吉林，辽宁，北京，天津，河北，山东，山西，陕西，内蒙古，甘肃，宁夏，新疆，青海，云南，湖北，江苏，上海，福建，香港等。

生态类群 游禽

写真宁夏

生态环境 栖息荒漠与半荒漠、开阔平原咸水、淡水和碱性湖泊之中。

记录分布 分布石嘴山、吴忠、银川、灵武，特别是银川灵武的泻湖，从 2019 年至今，每年都有大群聚集。

现状属性 易见鸟

图片注解 A 2021 年 5 月 17 日，银川市灵武市。

B 2022 年 5 月 28 日，银川市灵武市。

C 2020 年 5 月 12 日，银川市灵武市。

A

B

C

东方白鹳 | Oriental Stork *Ciconia boyciana*

基础链接

分类地位 鹳形目 Ciconiiformes 鹳科 Ciconiidae

外形特征 体长 105 ～ 115 cm。雌雄相似。成鸟喙黑色，眼周裸皮红色；体羽大部分为白色，前颈基部羽毛略有延长；两翅飞羽、初级覆羽和大覆羽黑色，略具金属光泽，飞行、停歇时与体羽其余白色部分形成对比。

保护状况 保护级别：国家一级重点保护野生动物

红色名录等级：EN

地理分布 国内分布于黑龙江，吉林，辽宁，北京，天津，河北，山东，河南，陕西，内蒙古，四川，云南，工作，湖北，安徽，江西，江苏，上海，浙江，福建，广东，香港，广西，台湾等。

生态类群 涉禽

写真宁夏

生态环境 主要栖息于开阔而偏僻的平原、草地和沼泽地带，特别是有稀疏树木生长的河流、湖泊、水塘，以及水渠岸边和沼泽地上，具有岸边树木的水稻田地带。

记录分布 记录见于石嘴山，另中卫中宁有记录。

现状属性 罕见鸟

图片注解 A、B　2020 年 3 月 1 日，石嘴山市惠农区。

摄影 / 周小禹

B

卷羽鹈鹕 | Dalmatian Pelican *Pelecanus crispus*

基础链接

分类地位 鹈形目 Pelecaniformes 鹈鹕科 Pelecanidae

外形特征 体长 160 ～ 180 cm。体型硕大的灰白色鹈鹕。雌雄羽色近似，雌鸟体型略小。体色较灰，飞行时翅下仅翅尖黑色，其余部分较灰；翅上方飞羽及部分覆羽黑色。喙灰色，边缘近肉色，喉囊橙色，繁殖期颜色较鲜艳。

保护状况 保护级别：国家一级重点保护野生动物

红色名录等级：EN

地理分布 国内分布于辽宁，北京，天津，河北，山东，河南，山西，陕西，内蒙古，宁夏，甘肃，青海，新疆，湖北，湖南，安徽，江西，江苏，上海，浙江，福建，广东，香港，广西，海南，台湾等。

生态类群 涉禽

写真宁夏

生态环境 栖息于湖泊、江河、沿海水域，喜群居和游泳，但不会潜水，也善于在陆地上行走。

记录分布 分布银川、石嘴山、吴忠，记录见于黄河浅滩及周边，两岸湖泊、人文水系。

现状属性 难见鸟

图片注解 A 2019 年 11 月 16 日。银川市永宁县。

B 2021 年 12 月 12 日。银川市贺兰县。

C 2021 年 11 月 7 日。银川市贺兰县。

D 2019 年 11 月 10 日。银川市永宁县。

A

B

D

C

乌 雕 | Greater Spotted Eagle *Clanga clanga*

基础链接

分类地位　鹰形目 Accipitriformes 鹰科 Accipitridae

外形特征　体长 61 ～ 74 cm。雌雄相似，翅膀较长，尾较短。成鸟全身暗褐色；胸部、腹部暗褐色，无斑纹；翅下覆羽黑色，无斑纹，翅下飞羽深褐色，可见白色斑块；尾深褐色，具白色端斑；尾上覆羽皮黄色，尾下覆羽黄褐色。亚成鸟体羽少斑纹，尾下覆羽皮黄色，大约六年能长成成鸟羽毛。

保护状况　保护级别：国家一级重点保护野生动物
红色名录等级：EN

地理分布　国内分布于黑龙江，吉林，辽宁，北京，天津，河北，山东，河南，山西，内蒙古，宁夏，新疆，西藏，青海，云南，四川，湖北，湖南，安徽，江西，江苏，上海，浙江，福建，广东，香港，广西，台湾等。

生态类群　猛禽

写真宁夏

生态环境　栖息于低山丘陵和开阔平原地区的森林中，特别是河流、湖泊和沼泽地带的疏林和平原森林，也出现在水域附近的平原草地和林缘地带，有时沿河谷进入到针叶林带。迁徙时栖于开阔地带。

记录分布　记录见于宁夏黄河及两岸的湖泊、湿地和疏林地带。

现状属性　难见鸟

图片注解　A　2021 年 3 月 16 日，吴忠市青铜峡市。
B　2016 年 10 月 20 日，吴忠市青铜峡市。
C　2018 年 4 月 30 日，银川市兴庆区。摄影 / 阎肃

白肩雕 | Imperial Eagle *Aquila heliaca*

基础链接

分类地位　鹰形目 Accipitriformes 鹰科 Accipitridae

外形特征　体长 73 ～ 84 cm。雌雄相似，翅膀较长。成鸟全身深褐色；头顶及颈部皮黄色；肩部具大块明显白斑；翅下覆羽深褐色，翅下飞羽具浅色横斑；尾褐色，具明显浅色横斑，尾端深褐色；尾下覆羽皮黄色。

保护状况　保护级别：国家一级重点保护野生动物

红色名录等级：EN

地理分布　国内分布于吉林，辽宁，北京，天津，河北，山东，河南，陕西，内蒙古，甘肃，新疆，青海，云南，四川，重庆，贵州，湖北，江西，江苏，上海，浙江，福建，广东，广西，香港，台湾等。

生态类群　猛禽

写真宁夏

生态环境　栖息在山地草原，丘陵，河流的开阔地带，也见于荒漠，沼泽等河谷地带，尤其喜欢混交林和阔叶林地带。

记录分布　记录见于滨河大道（银川段）。

现状属性　罕见鸟

图片注解　A、B　2019 年 12 月 21 日，银川市兴庆区。

摄影 / 聂洧

B

玉带海雕 | Pallas's Fish Eagle *Haliaeetus leucoryphus*

基础链接

分类地位 鹰形目 Accipitriformes 鹰科 Accipitridae

外形特征 体长 76～88 cm。雌雄相似。成鸟头部、颈部、喉部皮黄色，喙灰色；胸部棕褐色，腹部深褐色；翅膀宽大，背部、翅上深褐色，翅下覆羽黑色与褐色飞羽对比不明显；尾较短，尾羽白色，楔形。

保护状况 保护级别：国家一级重点保护野生动物

红色名录等级：EN

地理分布 国内分布于黑龙江，吉林，辽宁，北京，天津，河北，山东，河南，山西，陕西，内蒙古，宁夏，甘肃，新疆，西藏，青海，云南，四川，重庆，江苏，上海，浙江等。

生态类群 猛禽

写真宁夏

生态环境 栖息于内陆地区，经常在高原、平原、荒漠等地区活动，在湖泊及河流附近寻觅猎物，有时亦见于水域附近的渔村和农田上空。

记录分布 分布银川、石嘴山、吴忠，记录见于湖泊周边。

现状属性 罕见鸟

图片注解 A 2021 年 7 月 15 日，吴忠市青铜峡市。

B 2022 年 5 月 21 日，银川市灵武市。

C 2019 年 6 月 1 日，石嘴山市平罗县。

D 2012 年 9 月 26 日，吴忠市青铜峡市。

摄影 / 吴宗凯

D

黄腿渔鸮 Tawny Fish Owl *ketupa flavipes*

基础链接

分类地位 鸮形目 Strigiformes 鸱鸮科 Strigidae

外形特征 体长 58～63 cm。前额至上背，包括肩羽在内的上体橙褐色，具宽阔的黑褐色羽干纹，除后颈和上背外，各羽两翈还具淡棕色块斑。两翼黑褐色。初级飞羽内外翈均具棕色横斑和端斑。下背、腰和尾上覆羽深茶黄色，具黑色羽干纹，尾上覆羽先端则形成矢状羽端斑。

保护状况 保护级别：国家二级重点保护野生动物
红色名录等级：EN

地理分布 国内分布于河南，云南，四川，重庆，贵州，湖北，湖南，安徽，江西，江苏，上海，浙江，福建，广东，广西，台湾等。

生态类群 猛禽

写真宁夏

生态环境 栖息于溪流、河谷等水域附近的阔叶林和林缘次生林中，常单独活动，主要在下午和黄昏外出捕食，以鱼类为食，兼食鼠类、昆虫、蛇、蛙、蜥蜴、蟹和鸟类。

记录分布 记录见于六盘山。

现状属性 难见鸟

图片注解 2022 年 6 月 2 日，六盘山。

猎 隼 Saker Falcon *Falco cherrug*

基础链接

分类地位 隼形目 Falconiformes 隼科 Falconidae

外形特征 体长 42 ～ 60 cm。雌雄相似，体形壮实。成鸟头顶褐色，具一道褐色髭斑；胸部、腹部近白色，具点状斑纹；翅上覆羽、背部、尾褐色，翅下浅色，具不明显褐色斑纹。

保护状况 保护级别：国家一级重点保护野生动物

红色名录等级：EN

地理分布 国内分布于吉林，辽宁，北京，天津，河北，山东，河南，山西，内蒙古，宁夏，甘肃，新疆，西藏，青海，四川，湖北，浙江等。

生态类群 猛禽

写真宁夏

生态环境 栖息山区开阔地带高山森林半沙漠草原湖泊湿地的高枝，尤其喜欢电杆上站蹲。

记录分布 分布银川、石嘴山、吴忠、中卫、固原，记录见于银川灵武半荒漠地带的电杆上。

现状属性 难见鸟

图片注解 A 2020 年 11 月 31 日，吴忠市盐池县。

B 2020 年 9 月 24 日，银川市灵武市。

黑喉歌鸲 Blackthroat *Calliope obscura*

基础链接

分类地位 雀形目 Passeriformes 鹟科 Muscicapidae

外形特征 体长约 13 cm。雄鸟：上体暗石板灰色，尾上覆羽亮黑色。眼先、头和颈的两侧，喉和胸深黑色，体的两侧灰色，腹部中央乳白色，具黄色沾染，胁处最浓尾下覆羽边缘灰色，翼和中央尾羽黑色，其余尾羽基部 2/3 白色，端部 1/3 黑色。雌鸟：上体暗橄榄褐色，尾上覆羽和飞羽边缘淡黄褐色，下体淡橄榄褐色，腹部中央沾染皮黄，其余下体纯白。

保护状况 保护级别：国家二级重点保护野生动物

红色名录等级：EN

地理分布 国内分布于陕西南部，甘肃东南部，云南东南部，四川中部和北部。

生态类群 鸣禽

写真宁夏

生态环境 栖于阔叶林灌丛中或针叶林、竹丛间。

记录分布 记录分布见于六盘山。

现状属性 罕见鸟

图片注解 A 2022 年 7 月 10 日六盘山。

B 2022 年 7 月 10 日六盘山。

B

贺兰山红尾鸲 | Alashan Redstart *Phoenicurus alaschanicus*

基础链接

分类地位 雀形目 Passeriformes 鹟科 Muscicapidae

外形特征 体长 15 ～ 17 cm。雄鸟头顶、头侧、枕部、后颈灰色，背部至尾上覆羽橙棕色；下体以橙棕色为主，腹部中央有较小面积呈白色；两翼深褐色，部分白色的翼羽形成一道明显的白色翅斑；中央一对尾羽深褐色，其余尾羽橙褐色。

保护状况 保护级别：国家二级重点保护野生动物

红色名录等级：EN

地理分布 国内分布于北京，河北北部，山西，陕西南部，内蒙古，宁夏北部，甘肃，青海等。

生态类群 鸣禽

写真宁夏

生态环境 贺兰山红尾鸲常活动于稠密的灌丛、岩石和石头间，栖息于灌丛草地、疏林地、林缘、林间空地或采伐后的林迹地。贺兰山红尾鸲主要为山地灌丛鸟类，其栖息地有 3 个类型：以沙棘为主的灌丛地段，该栖息地食物丰富，隐蔽条件好，视界开阔，夜宿安全，是其越冬期间取食、避敌和栖息的优良场所；溪流涧，是其在越冬期间飞行时短暂停息和去水边饮水停留片刻的较适宜的栖息环境；针阔混交林树冠上，是其高处停息、观望、鸣叫等的适宜地方。

记录分布 分布于贺兰山和固原隆德，记录见于夏秋海拔 2600 m 以上林地，冬季出现在贺兰山山坡下靠近水流的低灌丛中，也走进城市公园和社区。

现状属性 难见鸟

图片注解 A　2022 年 12 月 22 日，银川市兴庆区。摄影 / 张韬

B　2016 年 12 月 14 日，银川市西夏区。

C　2019 年 2 月 16 日，贺兰山。

D　2015 年 10 月 7 日，贺兰山。

E　2017 年 9 月 19 日，贺兰山。摄影 / 杜小丽

C

D

E

鸿 雁 Swan Goose *Anser cygnoid*

基础链接

分类地位 雁形目 Anseriformes 鸭科 Anatidae

外形特征 体长 81 ～ 95 cm。雌雄相似。成鸟从额基、头顶到后颈正中央暗棕褐色，额基与嘴之间有一条棕白色细纹，将嘴和额分开。通体灰褐色而具白色和黑色条纹，腰和尾下覆羽白色，喉和胸腹颜色较浅。飞行中较其他雁类色暗而长。

保护状况 保护级别：国家二级重点保护野生动物

红色名录等级：VU

地理分布 国内除陕西、西藏、贵州、海南未有分布记录外，其余省区市均有分布。

生态类群 游禽

写真宁夏

生态环境 栖息在开阔平原和平原草地上的湖泊、河流和沼泽附近地区。

记录分布 分布银川、石嘴山、吴忠和中卫，记录见于石嘴山黄河湖泊、沼泽等附近草地上，以及湖泊浅水域。

现状属性 难见鸟

图片注解 A 2017 年 9 月 24 日，石嘴山市惠农区。

B 2018 年 10 月 15 日。石嘴山市惠农区。

B

黑　鹳 | Black Stork *Ciconia nigra*

基础链接

分类地位 鹳形目 Ciconiiformes 鹳科 Ciconiidae

外形特征 体长 95 ～ 105 cm。雌雄相似，整体呈黑色带紫绿色金属光泽，仅腹部至尾下覆羽白色。成鸟眼周、喙和跗跖鲜红色。

保护状况 保护级别：国家一级重点保护野生动物红色名录等级：VU

地理分布 国内除西藏外，其他省区市均有分布。

生态类群 涉禽

写真宁夏

生态环境 繁殖期间栖息在偏僻而无干扰的开阔森林及森林河谷与森林沼泽地带，也常出现于荒原和荒山附近的湖泊、水库、水渠、溪流、水塘及其沼泽地带，冬季主要栖息于开阔的湖泊、河岸和沼泽地带，有时也出现于农田和草地。

记录分布 分布银川、石嘴山、吴忠、中卫和固原，多见于冬季宁夏黄河两岸湖泊湿地，也见于六盘山河流，贺兰山山壁中有巢穴。

现状属性 易见鸟

图片注解 A　2018 年 10 月 8 日，吴忠市青铜峡市。
B　2020 年 10 月 31 日，银川市兴庆区。
C　2015 年 10 月 14 日，银川市兴庆区。
D　2016 年 11 月 21 日，石嘴山市平罗县。

C

D

靴隼雕 Booted Eagle *Hieraaetus pennatus*

基础链接

分类地位 鹰形目 Accipitriformes 鹰科 Accipitridae

外形特征 体长 45 ～ 54 cm。雌雄相似，个体较小，翅膀较长，尾较短。有深、浅两种色型。深色型成鸟整体棕褐色，胸部、腹部具不明显黑色纵纹；两翅翅角处各有一明显的白色斑点，翅下覆羽棕色，翅下飞羽色浅具不明显褐色斑纹；尾灰褐色，具不明显深色横纹。浅色型成鸟头部褐色；胸部白色，具明显的黑色斑纹，腹部白色少斑纹；翅下白色覆羽与深褐色飞羽形成明显对比；尾灰褐色，具不明显深色横纹。

保护状况 保护级别：国家二级重点保护野生动物

红色名录等级：VU

地理分布 国内分布于黑龙江，吉林，辽宁，北京，河南，内蒙古，宁夏，甘肃，新疆，西藏，四川，江苏等。

生态类群 猛禽

写真宁夏

生态环境 栖息于山地森林和平原森林地带，特别是针叶林和混交林最为喜欢，冬季多栖息在低山丘陵和山脚平原等开阔地区的疏林和林缘地带，有时也进到有少许树木的农田耕地和村庄附近。

记录分布 记录见于水利干渠旁的混交林。

现状属性 罕见鸟

图片注解 A 2020 年 4 月 21 日，贺兰山西部。

B 2016 年 10 月 15 日，银川市兴庆区。

A

B

草 原 雕

Steppe Eagle
Aquila nipalensis

基础链接

分类地位 鹰形目 Accipitriformes 鹰科 Accipitridae

外形特征 体长 70 ～ 82 cm。雌雄相似，翅膀较长，尾较短。成鸟全身近褐色；翅下飞羽浅色，具深褐色横纹；尾棕褐色，具深色横斑，尾端深褐色；尾上覆羽白色，尾下覆羽棕褐色。亚成鸟翅下白斑面积随年龄增大而减少。

保护状况 保护级别：国家一级重点保护野生动物

红色名录等级：VU

地理分布 国内分布于吉林，辽宁，北京，天津，河北，山东，河南，山西，内蒙古，宁夏，甘肃，新疆，西藏，青海，云南，四川，贵州，湖北，湖南，江苏，上海，浙江，福建，广东，广西，海南等。

生态类群 猛禽

写真宁夏

生态环境 栖息于开阔的草原，常停息在地面或高崖及枯树。

记录分布 记录见于银川灵武半荒地带，吴忠青铜峡库区。

现状属性 难见鸟

图片注解 A 2020 年 3 月 9 日，吴忠市青铜峡市。
B 2021 年 5 月 1 日，银川市灵武市。

B

金 雕 | Golden Eagle *Aquila chrysaetos*

基础链接

分类地位 鹰形目 Accipitriformes 鹰科 Accipitridae

外形特征 体长 78 ～ 105 cm。雌雄相似，翅膀较长。成鸟全身深褐色；头顶及颈部金黄色，嘴端黑色，嘴基黄色；翅下覆羽棕色，翅下飞羽颜色较浅；尾羽深褐色，尾下覆羽棕色。亚成鸟枕部金色明显，翅下、尾下白斑面积随年龄增大而减少。

保护状况 保护级别：国家一级重点保护野生动物

红色名录等级：VU

地理分布 国内除黑龙江、吉林、广西、海南、台湾外，见于各省。

生态类群 猛禽

写真宁夏

生态环境 生活在森林、草原、荒漠和河谷地带，冬季亦常在低山丘陵和山脚平原地带活动，分布区最高达到海拔 4000 m 以上。白天常在高山岩石峭壁之巅，以及空旷地区的高大树上顶部停栖，观察周围情况。在草地、灌草丛、山坡及丘陵地带捕猎。

记录分布 分布六盘山、贺兰山，记录多见于冬季贺兰山山上和山坡下。

现状属性 难见鸟

图片注解 A 2019 年 1 月 12 日，贺兰山。摄影 / 阎肃

B 2018 年 12 月 15 日，贺兰山。

A

B

白尾海雕 White-tailed Sea Eagle *Haliaeetus albicilla*

基础链接

分类地位 鹰形目 Accipitriformes 鹰科 Accipitridae

外形特征 体长 84 ～ 91 cm。雌雄相似。成鸟头部、颈部皮黄色，喙粗大呈黄色；胸部、腹部深褐色；翅膀宽大，背部、翅上浅褐色，翅下覆羽深褐色，飞羽颜色较深近黑色，翅下覆羽深褐色；尾较短，尾羽白色，尾下覆羽深褐色。

保护状况 保护级别：国家一级重点保护野生动物

红色名录等级：VU

地理分布 国内除海南外，其余省区市均有分布。

生态类群 猛禽

写真宁夏

生态环境 栖息于湖泊、河流、海岸、岛屿及河口地区，尤其喜欢在有高大树木的水域或森林地区的开阔湖泊与河流地带。

记录分布 分布银川、石嘴山、吴忠、中卫和固原，记录见于黄河及两岸湿地湖泊上空飞翔，也见于贺兰山和六盘山，多见于冬季黄河浅滩、冰面以及湖泊冰上，也在高高的电线铁塔上长站。

现状属性 难见鸟

图片注解 A　2019 年 12 月 16 日，吴忠市青铜峡市。

B　2019 年 1 月 6 日，银川市永宁县。摄影 / 胡岩松

C　2022 年 3 月 16 日，石嘴山市平罗县。

D　2019 年 1 月 5 日，银川市兴庆区。摄影 / 阎肃

A

B

C

D

大鵟 Upland Buzzard *Buteo hemilasius*

基础链接

分类地位 鹰形目 Accipitriformes 鹰科 Accipitridae

外形特征 体长 56 ～ 71 cm。雌雄相似。颜色变化较大，有浅色型、中间型和深色型 3 种，一般以浅色型和中间型较为常见。成鸟头部、喉部、颈部近白色；嘴基黄色，嘴端灰色；胸部偏白色，少斑纹；腹部具深褐色斑块；翅较宽大，多褐色，翅上有明显的翅窗，翅下羽色较浅；尾羽近白色，具不明显斑纹。

保护状况 保护级别：国家二级重点保护野生动物

红色名录等级：VU

地理分布 国内分布于黑龙江，吉林，辽宁，北京，天津，河北，山东，河南，山西，陕西，内蒙古，宁夏，甘肃，新疆，西藏，青海，云南，四川，重庆，湖北，江西，江苏，上海，浙江，广东，台湾等。

生态类群 猛禽

写真宁夏

生态环境 栖息于山地、山脚平原和草原等地区，也出现在高山林缘和开阔的山地草原与荒漠地带，垂直分布高度可以达到 4000 m 以上的高原和山区。冬季也常出现在低山丘陵和山脚平原地带的农田、芦苇沼泽、村庄，甚至城市附近。

记录分布 分布银川、石嘴山、吴忠、中卫和固原，记录多见于疏林高端，稻田和荒地地面高处。

现状属性 易见鸟

图片注解 A 2018 年 10 月 5 日，石嘴山市惠农区。

B 2020 年 9 月 24 日，银川市灵武市。

C 2019 年 12 月 21 日，银川市永宁县。

D 2022 年 1 月 11 日，石嘴山市平罗县。

E 2016 年 10 月 1 日，吴忠市盐池县。

C

黄爪隼 Lesser Kestrel *Falco naumanni*

基础链接

分类地位 隼形目 Falconiformes 隼科 Falconidae

外形特征 体长 31 ~ 38 cm。翅较窄长，翅端较尖，尾较长。成年雄鸟头部灰色；胸部、腹部皮黄色，具褐色斑纹；翅上覆羽、背部砖红色，飞羽上面黑色，翅下亮灰色少斑纹；尾灰色，尾端黑色明显。雌鸟头部灰褐色；胸部、腹部皮黄色，具褐色斑纹；背部褐色，翅下浅灰色具褐色斑纹；尾红褐色具褐色横纹，尾端黑色明显。

保护状况 保护级别：国家二级重点保护野生动物

红色名录等级：VU

地理分布 国内分布于吉林，辽宁，北京，天津，河北，山东，河南，山西，陕西，内蒙古，宁夏，甘肃，新疆，云南，四川，湖北，江西，江苏，广西等。

生态类群 猛禽

写真宁夏

生态环境 栖息于开阔的荒山旷野、荒漠、草地、林缘、河谷和村庄附近以及农田地边的丛林地带，特别喜欢在荒山岩石地带和有稀疏树木的荒原地区活动。

记录分布 记录见于贺兰山荒山岩石地带。

现状属性 难见鸟

图片注解 A、B 2017 年 6 月 13 日，贺兰山。摄影 / 吴宗凯

B

黑尾地鸦

Mongolian Ground Jay
Podoces hendersoni

基础链接

分类地位　雀形目 Passeriformes 鸦科 Corvidae

外形特征　体长 26 ～ 32 cm。雌雄相似。喙较细长而下弯；顶冠至枕部为黑色并具深蓝色金属光泽，与淡黄色的头部形成鲜明的对比；全身大部分为淡黄褐色，两翅以紫黑色为主，但外侧部分初级飞羽中部具大块白色区域，形成白色翅斑，飞行时很容易识别；尾羽黑色，较短。

保护状况　保护级别：国家二级重点保护野生动物

红色名录等级：VU

地理分布　国内分布于宁夏，甘肃，内蒙古，青海，新疆等。

生态类群　鸣禽

写真宁夏

生态环境　主要栖息于干旱的山脚平原、荒漠和半荒漠地区，尤以多岩石和生长有稀疏灌丛的荒漠地区较常见。

记录分布　记录见于贺兰山东、西山坡下沙漠和半荒漠地带。

现状属性　难见鸟

图片注解　A　2017 年 10 月 3 日，银川市永宁县。

B　2016 年 7 月 8 日，贺兰山。

A

B

蒙古百灵

Mongolian Lark
Melanocorypha mongolica

基础链接

分类地位 雀形目 Passeriformes 百灵科 Alaudidae

外形特征 体长 17 ～ 22 cm。雌雄相似。头部具黄褐色顶冠纹和亮丽的棕红色外围；眉纹近白色，两条眉纹延伸至枕部后相连；翅上覆羽多为栗褐色，具皮黄色飞羽，初级飞羽大多为黑色或黑褐色，次级飞羽主要为白色，飞行时与黑色的初级飞羽形成鲜明的对比；上胸两侧有较大的黑色块斑，有时向中央延伸并连接成领环状。下体白色无纵纹，尾较短，外侧尾羽几乎全为白色。

保护状况 保护级别：国家二级重点保护野生动物
红色名录等级：VU

地理分布 国内分布于黑龙江，吉林，北京，天津，河北，山东，陕西，内蒙古，宁夏，甘肃，青海，云南等。

生态类群 鸣禽

写真宁夏

生态环境 栖息于草原和半荒漠等开阔地区，尤其喜欢草本植物生长茂密的湿草原地区。常出入于河流和湖泊岸边一带草地上，也出入于水域附近的草地或盐碱草地上，冬季有时也到公路或人类居住地附近。不喜欢干旱荒漠平原。

记录分布 记录见于石嘴山平罗湖泊湿地的草地。

现状属性 难见鸟

图片注解 A 2017 年 6 月 21 日，石嘴山市平罗县。
B 2016 年 4 月 6 日，石嘴山市平罗县。

A

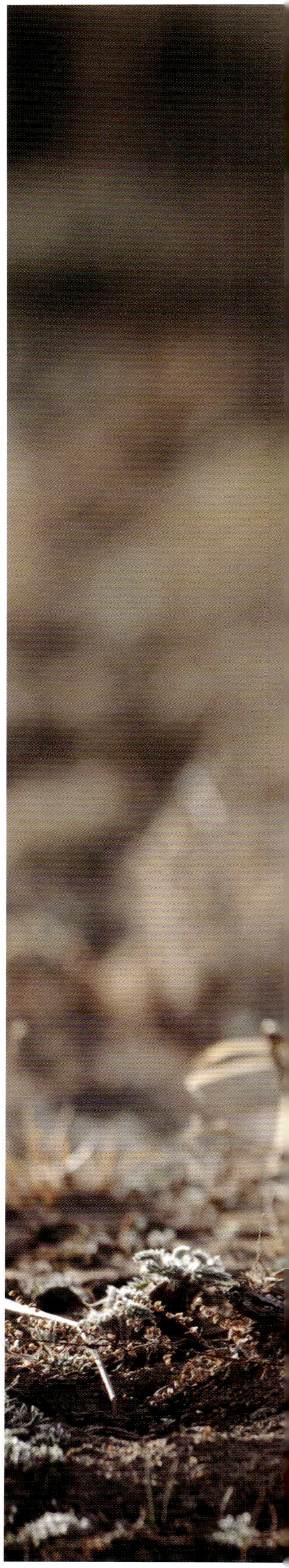

B

贺兰山岩鹨 Mongolian Accentor *Prunella koslowi*

基础链接

分类地位　雀形目 Passeriformes 岩鹨科 Prunellidae

外形特征　体长 14 ～ 16 cm。雌雄相似，颜色单调。眼先、颊部及耳羽深褐色，头颈其余部分及上体大致灰褐色；背部具黑色纵纹，下体灰色至灰褐色。

保护状况　保护级别：国家二级重点保护野生动物

红色名录等级：VU

地理分布　国内分布于内蒙古，宁夏，甘肃，四川等。

生态类群　鸣禽

写真宁夏

生态环境　主要栖息于有沙漠植物分布的高原沙漠、戈壁滩和半荒漠地带，尤以沙漠边缘地带的戈壁、沙丘灌丛和人工防护林中较常见，也栖息于有成片沙枣、沙蓬、沙蒿等沙地植物的沙漠、戈壁滩灌丛和人工沙枣林，而且是最喜生境，有时也见于荒野、农田和山脚林缘地带。

记录分布　记录见于中卫、贺兰山西部沙地植物的戈壁滩及半荒漠地带。

现状属性　罕见鸟

图片注解　A　2016 年 11 月 19 日，贺兰山。摄影 / 胡岩松

B　2017 年 2 月 2 日，贺兰山。摄影 / 胡岩松

A

B

大石鸡

Rusty-necklaced Patridge
Alectoris magna

基础链接

分类地位　鸡形目 Gallifornes 雉科 Phasianidae

外形特征　体长 32 ～ 45 cm。雌雄相似。头顶灰褐色，头侧和喉部围绕一明显的黑色颈圈，黑色颈圈外缘栗褐色，但不完整，多有断开；喉部皮黄色；胸部灰色略带粉色，两肋灰白色具数道深褐色、皮黄色斑纹；背部、两翅灰色略带粉色；尾羽灰褐色。

保护状况　保护级别：国家二级重点保护野生动物
红色名录等级：NT

地理分布　国内分布于宁夏，甘肃，青海东部等。

生态类群　陆禽

写真宁夏

生态环境　栖息于低山丘陵、荒漠、半荒漠、岩石山坡、黄土高原、黄土山坡，以及高山峡谷和裸岩地区，喜欢在有很少植物生长的黄土坡和靠近农地与水源地区的黄土沟谷地区。喜栖于蒿属、锦鸡儿属和针茅属等耐旱稀疏植物的黄土丘陵的阳坡、高原上雨水冲刷的黄土沟壑及岩石裸出被以稀疏蔷薇科植物灌丛的石山沟谷的阳坡。

记录分布　记录于甘肃宁夏交界处。

现状属性　罕见鸟

图片注解　2019 年 6 月 17 日，甘肃与宁夏固原交界处。

蓝 马 鸡

Blue Eared Pheasant
Crossoptilon auritum

基础链接

分类地位 鸡形目 Galliformes 雉科 Phasianidae

外形特征 体长 75 ～ 100 cm。雌雄相似。成鸟整体蓝灰色；头顶深褐色，眼周具红色裸皮，耳羽簇白色向下延伸至下颏；颈部、枕部、胸部、腹部蓝灰色；背部、两翅蓝灰色；腰部、尾上覆羽蓝灰色，蓝灰色中央尾羽高翘于其他尾羽上，最外侧尾羽基部白色。

保护状况 保护级别：国家二级重点保护野生动物
红色名录等级：NT

地理分布 国内分布于内蒙古，宁夏，甘肃，青海，四川等。

生态类群 陆禽

写真宁夏

生态环境 栖息于海拔 2000 ～ 4000 m 之间的山地针叶林、混交林、高山森林、灌丛和苔原草地。

记录分布 分布见于贺兰山。

现状属性 难见鸟

图片注解 A 2019 年 4 月 25 日，贺兰山。摄影 / 胡岩松
B 2023 年 2 月 23 日，贺兰山。

B

红腹锦鸡 Golden Pheasant *Chrysolophus pictus*

基础链接

分类地位 鸡形目 Galliformes 雉科 Phasianidae

外形特征 雄鸟体长 86 ～ 108 cm，雌鸟体长 59 ～ 70 cm。雄性羽色华丽，头具金黄色丝状羽冠，脸颊、颏部、喉部锈红色；后颈围具深褐色横斑的橙棕色扇状羽，形成披肩状；胸部、腹部、两胁深红色；上背金属蓝色，下背、腰部、尾上覆羽金黄色，自腰后两侧羽端转为深红色；尾羽黄褐色，较长，具黑色横斑。雌鸟整体黄褐色，头顶和后颈暗金黄色，胸部、腹部、背部具深褐色带斑，中央尾羽黑色具棕黄色片状斑。

保护状况 保护级别：国家二级重点保护野生动物

红色名录等级：NT

地理分布 国内分布于河南，山西，陕西，宁夏，甘肃，青海，云南，四川，重庆，贵州，湖北，湖南等。

生态类群 陆禽

写真宁夏

生态环境 栖息于海拔 500 ～ 2500 m 的阔叶林、针阔叶混交林和林缘疏林灌丛地带，也出现于岩石陡坡的矮树丛和竹丛地带，冬季也常到林缘草坡、耕地活动和觅食。

记录分布 记录分布见于六盘山。

现状属性 难见鸟

图片注解 A、B、C 2019 年 1 月 10 日，六盘山。

A

B

C

疣鼻天鹅 | Mute Swan *Cygnus olor*

基础链接

分类地位 雁形目 Anseriformes 鸭科 Anatidae

外形特征 体长 120 ～ 150 cm。雄鸟浑身雪白，头顶至枕略沾淡棕色。眼先裸露，黑色；嘴基、嘴缘黑色，其余部分红色，前端稍淡，嘴甲褐色；前额有突出的黑色疣状物。雌鸟羽色和雄鸟相同，但体型较小，前额疣状突不明显。

保护状况 保护级别：国家二级重点保护野生动物

红色名录等级：NT

地理分布 国内分布于黑龙江，吉林，辽宁，北京，天津，河北，山东，河南，陕西，内蒙古，甘肃，宁夏，新疆，青海，四川，湖北，江苏，浙江，台湾等。

生态类群 游禽

写真宁夏

生态环境 栖息在水草丰盛的开阔湖泊、河湾、水塘、水库、海湾、沼泽和水流缓慢的河流及其岸边等地。

记录分布 记录见于湿地湖泊，人文水系（景观水道）。

现状属性 难见鸟

图片注解 A 2021 年 2 月 23 日，银川市贺兰县。

B 2022 年 1 月 30 日，石嘴山市平罗县。

C 2022 年 1 月 27 日，银川市金凤区。

小天鹅 Tundra Swan *Cygnus columbianus*

基础链接

分类地位 雁形目 Anseriformes 鸭科 Anatidae

外形特征 体长 110 ～ 130 cm。全身洁白，外形和大天鹅非常相似，但体型明显比大天鹅小，颈和嘴比大天鹅短；嘴上黑斑大，黄斑小，黄斑仅限于嘴基两侧，沿嘴缘不前伸于鼻孔之下。两性同色，雌鸟头顶至枕部略沾棕黄色。

保护状况 保护级别：国家二级重点保护野生动物

红色名录等级：NT

地理分布 国内分布于黑龙江，吉林，辽宁，北京，天津，河北，山东，河南，山西，内蒙古，甘肃，宁夏，新疆，云南，四川，贵州，湖北，湖南，安徽，江西，江苏，上海，浙江，福建，广东，广西，台湾等。

生态类群 游禽

写真宁夏

生态环境 生活在多芦苇的湖泊、水库和池塘中。

记录分布 分布银川、石嘴山、吴忠和中卫，见于湖泊和人文水系等开阔浅水区域。

现状属性 易见鸟

图片注解 A 2020 年 10 月 31 日，吴忠市青铜峡市。

B 2020 年 10 月 14 日，银川市灵武市。

C 2016 年 11 月 10 日，银川市金凤区。

D 2017 年 10 月 28 日，石嘴山市平罗县。

B

C

D

大天鹅 Whooper Swan *Cygnus cygnus*

基础链接

分类地位 雁形目 Anseriformes 鸭科 Anatidae

外形特征 体长 120 ～ 160 cm。雌雄同色，雌略小于雄，全身洁白，仅头稍沾棕黄色。嘴黑色，上嘴基部黄色，此黄斑沿两侧向前延伸至鼻孔之下，形成一喇叭形。

保护状况 保护级别：国家二级重点保护野生动物

红色名录等级：NT

地理分布 国内分布于黑龙江南部，吉林，辽宁，北京，天津，河北，山东，河南，山西，陕西，内蒙古，宁夏，甘肃，新疆，青海，云南，四川，贵州，安徽，湖北，湖南，江西，江苏，上海，浙江，广西，台湾等。

生态类群 游禽

写真宁夏

生态环境 栖息于开阔的、水生植物繁茂的浅水水域。

记录分布 分布银川、石嘴山、吴忠、中卫和固原，记录见于开阔的湖泊、黄河浅滩和人文水系等。

现状属性 易见鸟

图片注解 A 2017 年 10 月 28 日，石嘴山市平罗县。

B 2017 年 1 月 31 日，银川市兴庆区。

C 2021 年 3 月 2 日，吴忠市青铜峡市。

D 2022 年 3 月 12 日，银川市永宁县。

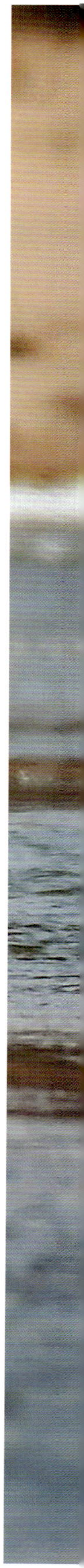

B

C

鸳 鸯

Mandarin Duck

Aix galericulata

基础链接

分类地位　雁形目 Anseriformes 鸭科 Anatidae

外形特征　体长 40～50 cm。雄鸟嘴红色，头具橙色至绿色羽冠，眼后具宽阔的白色眉纹，颈部具橙色丝状羽，胸部紫色，翅膀折拢后形成橙黄色炫耀性帆状饰羽，翼镜绿色而具白色边缘，胸腹至尾下覆羽白色，胁部浅棕色。雌鸟灰褐色，眼圈白色，眼后有白色眉纹，翼镜同雄鸟但不具帆状饰羽，胸至两胁具暗褐色鳞状斑。

保护状况　保护级别：国家二级重点保护野生动物

红色名录等级：NT

地理分布　国内除西藏和青海两省区没有分布记录外，其余各省区市均有分布。

生态类群　游禽

写真宁夏

生态环境　栖息于山地森林河流、湖泊、水塘、芦苇沼泽和稻田地中，冬季多栖息于大的开阔湖泊、江河和沼泽地带。一般生活在针叶和阔叶混交林及附近的溪流、沼泽、芦苇塘和湖泊等处。

记录分布　分布银川、石嘴山、吴忠、固原。记录见于银川西干渠、有芦苇的湖泊、固原的河流，冬季在彭阳汝河集群。

现状属性　难见鸟

图片注解　A　2021 年 1 月 1 日，固原市彭阳县。

B　2022 年 3 月 15 日，银川市永宁县。

C　2022 年 12 月 25 日，固原市彭阳县。

摄影 / 曹永昕

罗纹鸭 Falcated Duck *Mareca falcata*

基础链接

分类地位 雁形目 Anseriformes 鸭科 Anatidae

外形特征 体长 46 ～ 54 cm。雄鸟头顶栗色，脸部墨绿色而泛金属光泽，额基具一小白点斑，喉部至颈部白色，颈下具一细黑带，尾下覆羽黑褐色而具米黄色三角形斑块，翼境墨绿色。雌鸟通体棕褐色，翼境深墨绿色。

保护状况 红色名录等级：NT

地理分布 国内除甘肃、新疆外，其余各省区市均有分布。

生态类群 游禽

写真宁夏

生态环境 主要栖息于江河、湖泊、河湾、河口及其沼泽地带，繁殖期尤其喜欢在偏僻而又富有水生植物的中小型湖泊中栖息和繁殖，冬季也出现在农田和沿海沼泽地带。

记录分布 分布银川、石嘴山，记录见于滨河大道人文水系。

现状属性 难见鸟

图片注解 A 2019 年 3 月 7 日，石嘴山市平罗县。
B 2020 年 3 月 24 日，石嘴山市惠农区。
C 2021 年 3 月 24 日，银川市贺兰县。

B

C

花脸鸭 Baikal Teal *Sibirionetta formosa*

基础链接

分类地位　雁形目 Anseriformes 鸭科 Anatidae

外形特征　体长 37～44 cm。头顶色深，纹理分明的亮绿色脸部具特征性黄色月牙形斑块。多斑点的胸部染棕色，两胁具鳞状纹似绿翅鸭。肩羽形长，中心黑而上缘白。翼镜铜绿色，臀部黑色。雌鸟上体暗褐色，羽缘稍淡。头顶褐色较浓，近黑色，密缀以棕色羽端。

保护状况　保护级别：国家二级重点保护野生动物

红色名录等级：NT

地理分布　国内除甘肃、新疆、西藏外，见于各省。

生态类群　游禽

写真宁夏

生态环境　冬季常集成大群，也常和别的鸭类混群。繁殖期主要栖息在泰加林或苔原带的沼泽、河口三角洲、湖泊和水塘中，非繁殖期主要栖息于各种淡水或咸水水域，包括湖泊、江河、水库、水塘、沼泽、河湾以及农田原野等各类生境。

记录分布　记录见于石嘴山和固原彭阳。

现状属性　难见鸟

图片注解　A、B　2021 年 11 月 20 日，固原市彭阳县。

摄影 / 曹永昕

白眼潜鸭 | Ferruginous Duck *Aythya nyroca*

基础链接

分类地位 雁形目 Anseriformes 鸭科 Anatidae

外形特征 体长 38 ~ 42 cm。雄鸟通体棕褐色，头部、胸部亮棕色具金属光泽，背部黑褐色，下腹、翼镜、尾下覆羽白色。雌鸟下体棕色较浅，头部棕色无光泽。无论雌雄，两胁均为棕褐色。雄鸟虹膜白色，这也是白眼潜鸭得名的原因；雌鸟虹膜黑褐色。

保护状况 红色名录等级：NT

地理分布 国内分布于黑龙江，吉林，北京，天津，河北，山东，山西南部，陕西，内蒙古中部，宁夏，甘肃，新疆，西藏南部，青海，云南，四川，重庆，贵州，湖北，湖南，江西，江苏，上海，浙江，福建，广东，香港，广西，台湾等。

生态类群 游禽

写真宁夏

生态环境 栖息于开阔地区富有水生植物的淡水湖泊、池塘和沼泽地带，冬季主要栖息于大的湖泊、水流缓慢的江河和河口。

记录分布 分布银川、石嘴山、吴忠、中卫、固原，记录多见湖泊、河流、水库和黄河两岸人文河道。

现状属性 易见鸟

图片注解 A 2019 年 3 月 20 日，银川市永宁县。
B 2015 年 6 月 7 日，银川市永宁县。
C 2016 年 3 月 7 日，银川市金凤区。

A

B

C

大 红 鹳 | Greater Flamingo *Phoenicopterus roseus*

基础链接

分类地位 红鹳目 Phoenicopteriformes 红鹳科 Phoenicopteridae

外形特征 体长约为 130 ～ 142 cm。嘴短而厚，上嘴中部突向下曲，下嘴较大成槽状；颈长而曲；脚极长而裸出，向前的 3 趾间有蹼，后趾短小不着地；翅大小适中；尾短；体羽白而带玫瑰色，飞羽黑，覆羽深红。

保护状况 保护级别：国家二级重点保护野生动物

红色名录等级：NT

地理分布 国内分布于北京，天津，河北，陕西，宁夏，新疆，青海，湖南，浙江，江苏，湖北，四川，贵州，内蒙古等。

生态类群 涉禽

写真宁夏

生态环境 栖息于盐水湖泊、水库等浅水地带。

记录分布 记录石嘴山平罗、吴忠盐池、固原西吉水库。

现状属性 罕见鸟

图片注解 A、E 2018 年 7 月 14 日，石嘴山市平罗县。

灰 鹤 | Common Crane *Grus grus*

基础链接

分类地位 鹤形目 Gruiformes 鹤科 Gruidae

外形特征 体长 100 ～ 125 cm。雌雄相似。头部至枕部以灰黑色为主，头顶具一小块红色裸皮；眼后、耳羽至颈侧和后颈为灰白色，颏、喉至前颈灰黑色；上体和下体大致为灰色，两翅上覆羽也是灰色，但初级飞羽和次级飞羽呈黑褐色，三级飞羽基部灰色具黑褐色端斑，内侧数枚次级飞羽和三级飞羽特别延长，停歇时略蓬松并下垂于身体后部。

保护状况 保护级别：国家二级重点保护野生动物

红色名录等级：NT

地理分布 国内各省区市均有分布。

生态类群 涉禽

写真宁夏

生态环境 栖息于开阔平原、草地、沼泽、河滩、旷野、湖泊以及农田地带；其中尤为喜欢以富有水边植物的开阔湖泊和沼泽地带。迁徙及越冬时主要栖息在河流、湖泊、水库或海岸附近，常到开阔的农田或休耕地中觅食。

记录分布 分布银川、石嘴山、吴忠、中卫和固原，记录多见于秋冬时的黄河两岸湿地、农田和黄河浅滩。

现状属性 易见鸟

图片注解 A 2019 年 11 月 26 日，银川市贺兰县。

B 2021 年 10 月 16 日，吴忠市盐池县。

C 2016 年 11 月 29 日，银川市永宁县。

D 2017 年 10 月 22 日，石嘴山市平罗县。

A

B

C

D

鹮嘴鹬 Ibisbill *Ibidorhyncha struthersii*

基础链接

分类地位 鸻形目 Charadriiformes 鹮嘴鹬科 Ibidorhynchidae

外形特征 体长 37 ～ 42 cm。雌雄相似。成鸟头顶、喉部黑色，嘴较长且下弯，繁殖期亮红色，其他季节暗红色；夏羽额、头顶、脸颊、颈部和喉黑色，呈连成一块的黑斑；上胸灰色，胸部具明显黑色横带，黑色胸带和上胸的灰色间具一道较窄的白色胸带；背部、翅灰褐色，腹部白色。

保护状况 保护级别：国家二级重点保护野生动物

红色名录等级：NT

地理分布 国内分布于黑龙江，辽宁，北京，天津，河北，河南，山西，陕西，内蒙古，宁夏，甘肃，新疆，西藏，青海，云南，四川，重庆，湖北等。

生态类群 涉禽

写真宁夏

生态环境 栖息于山地、高原和丘陵地区的溪流和多砾石的河流沿岸。冬季多到低海拔的山脚地带活动。

记录分布 记录见于固原市泾源县泾河。

现状属性 难见鸟

图片注解 A 2020 年 5 月 14 日，六盘山。

B 2019 年 5 月 9 日，六盘山。

A

B

长嘴剑鸻 | Long-billed Plover *Charadrius placidus*

基础链接

分类地位　鸻形目 Charadriiformes 鸻科 Charadriidae

外形特征　体长 18 ～ 24 cm。雌雄相似。成鸟繁殖羽头顶灰褐色，额部白色，头顶前端黑色；喉部白色，黑色颈环较窄；胸部、腹部白色。非繁殖羽颈环多灰色。

保护状况　红色名录等级：NT

地理分布　国内除新疆外，见于各省。

生态类群　游禽

写真宁夏

生态环境　喜活动于内陆水域附近的沼泽、河滩和田埂上。

记录分布　分布银川、石嘴山、吴忠和固原，记录见湖泊边缘水滩、河流水滩边缘地带。

现状属性　易见鸟

图片注解　A、B、C　2022 年 9 月 13 日，银川市灵武市。

C

水雉 | Pheasant-tailed Jacana *Hydrophasianus chirurgus*

基础链接

分类地位　鸻形目 Charadriiformes 水雉科 Jacanidae

外形特征　体长 31 ～ 58 cm。雌雄相似，但雌鸟体型较大。繁殖羽脸颊、颏部、前颈白色，后颈金黄色，黑色条纹自头顶两侧下延至颈侧；背部、肩部棕褐色；胸部、腹部、腰部及尾羽黑色；翅上覆羽白色，第一和第二枚初级飞羽黑色。非繁殖羽头顶棕褐色具白色眉纹；背部较繁殖羽色浅，腹部白色，黑色尾羽较繁殖羽短。

保护状况　保护级别：国家二级重点保护野生动物

红色名录等级：NT

地理分布　国内分布于北京，天津，河北，河南，山东，山西，陕西，四川，湖北，湖南，安徽，江西，江苏，上海，浙江，云南，福建，广东，香港，澳门，广西，海南，台湾等。

生态类群　涉禽

写真宁夏

生态环境　栖息于富有挺水植物和漂浮植物的淡水湖泊、池塘和沼泽地带。

记录分布　记录见于石嘴山平罗和银川永宁湖泊。

现状属性　罕见鸟

图片注解　A　2015 年 7 月 4 日，石嘴山市平罗县。摄影 / 阎肃

B　2022 年 8 月 3 日，银川市永宁县。

白腰杓鹬 | Eurasian Curlew *Numenius arquata*

基础链接

分类地位 鸻形目 Charadriiformes 鹬科 Scolopacidae

外形特征 体长 57 ～ 63 cm。雌雄相似，整体灰褐色。头部灰褐色，喙长约为头长的 3 倍，下弯较明显；颈部、胸部、腹部、两胁灰白色多黑褐色纵纹；下腹部、尾下覆羽白色无斑纹。飞行时翼下较白无斑纹，可见白腰。

保护状况 保护级别：国家二级重点保护野生动物

红色名录等级：NT

地理分布 国内除贵州省外，其他省区市均有记载。

生态类群 涉禽

写真宁夏

生态环境 栖息于森林和平原中的湖泊、河流岸边和附近的沼泽、草地以及农田地带，常成小群活动。

记录分布 分布银川、石嘴山、吴忠、中卫、固原，记录多见湖泊、河流、水库、黄河两岸人文河道浅水区。

现状属性 难见鸟

图片注解 A　2020 年 3 月 14 日，银川市永宁县。

B　2017 年 3 月 17 日，石嘴山市平罗县。

白琵鹭

Eurasian Spoonbill

Platalea leucorodia

基础链接

分类地位　鹈形目 Pelecaniformes 鹮科 Threskiornithidae

外形特征　体长 95～105 cm。嘴长而直，上下扁平，前端扩大呈匙状，黑色，端部黄色；腿长，黑色，胫下部裸出。夏羽全身白色，头后枕部具长的发丝状羽冠、橙黄色；前额下部具橙黄色颈环，颊和上喉裸露无羽。冬羽和夏羽相似，全身白色，头后枕部无羽冠，前颈下部也没有橙黄色颈环。

保护状况　保护级别：国家二级重点保护野生动物

红色名录等级：NT

地理分布　国内各省区市均有分布。

生态类群　涉禽

写真宁夏

生态环境　栖息于开阔平原和山地丘陵地区的河流、湖泊、水库岸边及其浅水处，也见于水淹平原、芦苇沼泽湿地。

记录分布　分布银川、石嘴山、吴忠、中卫和固原，记录见于黄河浅滩、湖泊浅水区、湿地草地和人文水系（滨河大道两侧）。

现状属性　易见鸟

图片注解　A　2022 年 3 月 2 日，银川市永宁县。

B　2021 年 4 月 30 日，银川市永宁县。

C　2016 年 10 月 26 日，银川市贺兰县。

D　2015 年 10 月 20 日，吴忠市青铜峡市。

A

B

C

D

鹗 Osprey *Pandion haliaetus*

基础链接

分类地位 鹰形目 Accipitriformes 鹗科 Pandionidae

外形特征 体长 50～65 cm。雌雄相似。成鸟头顶、前额白色，黑色贯眼纹明显，且延伸至枕部；胸部具褐色斑块，通常雌鸟褐色胸带较雄鸟显著，腹部白色无斑纹；翅膀展开时窄而长，翅下覆羽白色无斑纹，翅上、背部暗褐色；尾褐色相对较短。

保护状况 保护级别：国家二级重点保护野生动物

红色名录等级：NT

地理分布 国内各省区市均有分布。

写真宁夏

生态环境 栖息于湖泊、河流、海岸或开阔地，尤其喜欢在山地森林中的河谷或有树木的水域地带，冬季也常到开阔无林地区的河流、水库和水塘地区活动。

记录分布 分布银川、石嘴山、吴忠、中卫和固原，记录多见于4、5月湖泊周边。

现状属性 易见鸟

图片注解 A 2017 年 4 月 25 日，银川市永宁县。

B 2020 年 4 月 19 日，银川市灵武市。

C 2015 年 10 月 3 日，吴忠市青铜峡市。

A

胡兀鹫 Bearded Vulture *Gypaetus barbatus*

基础链接

分类地位 鹰形目 Accipitriformes 鹰科 Accipitridae

外形特征 体长 94 ～ 125 cm。雌雄相似，是一种整体黄褐色，翅膀和尾都比较长的猛禽。成鸟脸颊近灰色，具一道较宽的黑色羽毛经过眼先到颏部；头顶具浅灰褐色绒状羽；胸部橙黄色，腹部淡黄色；背部、翅膀暗褐色具皮黄色细纹；尾羽较长，暗褐色，呈楔形。

保护状况 保护级别：国家一级重点保护野生动物

红色名录等级：NT

地理分布 国内分布于辽宁，河北，山东，山西，内蒙古，宁夏，甘肃，新疆，西藏，青海，云南、四川，重庆，湖北等。

生态类群 猛禽

写真宁夏

生态环境 主要栖息在海拔 500 ～ 6000 m 山地裸岩、高寒草甸、山地干草原和荒漠等地区。

记录分布 记录见于六盘山、贺兰山高海拔地带飞翔。

现状属性 罕见鸟

图片注解 A 2017 年 2 月 19 日，贺兰山。

B 2019 年 6 月 7 日，六盘山。

摄影 / 王双贵

高山兀鹫 | Himalayan Vulture *Gyps himalayensis*

基础链接

分类地位　鹰形目 Accipitriformes 鹰科 Accipitridae

外形特征　体长 103 ～ 130 cm。雌雄相似，翅膀宽大，头部较小。成鸟头顶皮黄色，颈部深灰色具一圈黄褐色绒羽；背部、翅上黄褐色；腹部黄褐色具不明显褐色纵纹；翅下米白色覆羽与翅下近黑色飞羽对比明显；尾羽黑色很短，尾下覆羽米白色。

保护状况　保护级别：国家二级重点保护野生动物

红色名录等级：NT

地理分布　国内分布于辽宁，河北，内蒙古，宁夏，甘肃，新疆，西藏，青海，云南西部，四川等。

生态类群　猛禽

写真宁夏

生态环境　栖息于高山和高原地区，常在高山森林苔原地带或高原草地、荒漠和裸岩地区活动。

记录分布　记录见于贺兰山和六盘山。

现状属性　易见鸟

图片注解　A　2018 年 1 月 20 日，贺兰山。

摄影 / 胡岩松

B　2019 年 5 月 30 日，六盘山。

摄影 / 郭志宏

B

秃鹫 | Cinereous Vulture *Aegypius monachus*

基础链接

分类地位 鹰形目 Accipitriformes 鹰科 Accipitridae

外形特征 体长 100～120 cm。雌雄相似，通体黑褐色，两个翅膀宽大；头部近灰色，颈部深褐色具一圈灰白色绒羽；胸部、腹部深褐色具褐色纵纹；两翅、背部多为深褐色；尾巴短，楔形，黑色。

保护状况 保护级别：国家一级重点保护野生动物

红色名录等级：NT

地理分布 国内各省区市均有分布记录。

生态类群 猛禽

写真宁夏

生态类群 主要栖息于低山丘陵和高山荒原与森林中的荒岩草地、山谷溪流和林缘地带，冬季偶尔也到山脚平原地区的村庄、牧场、草地以及荒漠和半荒漠地区。

记录分布 记录见于贺兰山高海拔地带，冬季下山活动。

现状属性 难见鸟

图片注解 A 2017 年 1 月 7 日，贺兰山。

B 2018 年 1 月 6 日，贺兰山。

短趾雕 | Short-toed Snake Eagle *Circaetus gallicus*

基础链接

分类地位 鹰形目 Accipitriformes 鹰科 Accipitridae

外形特征 体长 62 ～ 70 cm。颌、颈和胸部上方呈浅棕色。头部浑圆像猫头鹰般，眼睛呈鲜黄色。身体沉重，上体灰褐，下体白而具深色纵纹，喉及胸单一褐色，腹部具不明显的横斑，尾具不明显的宽阔横斑。虹膜黄色；嘴黑色；蜡膜灰色；脚偏绿。

保护状况 保护级别：国家二级重点保护野生动物

红色名录等级：NT

地理分布 国内分布于北京，陕西，内蒙古，甘肃，新疆，四川，重庆，西藏等。

生态类群 猛禽

写真宁夏

生态环境 栖于森林边缘及次生灌丛。

记录分布 记录见于荒漠、湖泊和湿地上空。

现状属性 罕见鸟

图片注解 A、B 2018 年 4 月 21 日，石嘴山市平罗县。摄影 / 胡岩松

A

苍鹰 Northern Goshawk *Accipiter gentilis*

基础链接

分类地位 鹰形目 Accipitriformes 鹰科 Accipitridae

外形特征 体长 47 ～ 59 cm。雌雄相似，个体较大，体形壮实。成鸟头部苍灰色，具显著白色眉纹，喉部白色；胸部、腹部较白，密布灰褐色浅淡横纹；背部、翅上苍灰色翅下白色具灰褐色横斑；尾羽灰色具深色横纹，尾下覆羽较白，少斑纹。

保护状况 保护级别：国家二级重点保护野生动物

红色名录等级：NT

地理分布 国内除台湾外，全国各个省区市均有分布。

生态类群 猛禽

写真宁夏

生态环境 栖息于疏林、林缘和灌丛地带。次生林中也较常见。栖息于不同海拔高度的针叶林、混交林和阔叶林等森林地带，也见于山施平原和丘陵地带的疏林和小块林内。

记录分布 分布银川、石嘴山、吴忠、中卫和固原，记录见于贺兰山山坡低灌丛中、黄河河域。

现状属性 难见鸟

图片注解 A 2019 年 12 月 22 日，吴忠市青铜峡市。摄影 / 阎肃

B 2017 年 12 月 30 日，贺兰山。摄影 / 胡岩松

白 腹 鹞 | Eastern Marsh Harrier *Circus spilonotus*

基础链接

分类地位 鹰形目 Accipitriformes 鹰科 Accipitridae

外形特征 体长 50 ～ 60 cm，喙部较大，体色多变。雄鸟头部黑色或灰色；背部灰黑色，外侧初级飞羽仅尖端黑色；翅下、胸部及腹部白色；尾上覆羽白色不明显。雌鸟整体黄褐色；腹部具明显纵纹；尾羽具较明显横斑。

保护状况 保护级别：国家二级重点保护野生动物

红色名录等级：NT

地理分布 国内各个省区市均有分布。

生态类群 猛禽

写真宁夏

生态环境 活动在沼泽、芦苇塘、江河与湖泊沿岸等较潮湿而开阔的地方。

记录分布 分布银川、石嘴山、吴忠、中卫、固原，记录见于银川灵武半荒漠、湖泊和吴忠湿地。

现状属性 难见鸟

图片注解 A　2019 年 7 月 7 日，吴忠市青铜峡市。

B　2022 年 9 月 3 日，银川市灵武市。摄影 / 胡岩松

C　2018 年 5 月 5 日，吴忠市青铜峡市。

白尾鹞

Hen Harrier
Circus cyaneus

基础链接

分类地位 鹰形目 Accipitriformes 鹰科 Accipitridae

外形特征 体长 41～53 cm。雄鸟整体灰色；头部、颈部、背部、翅上灰色；上胸灰色，下胸及腹部白色；翅下白色，外侧初级飞羽黑色；尾上覆羽、尾羽灰色。雌鸟整体棕褐色；胸部、腹部黄褐色具明显棕色纵纹；翅下具明显横纹；尾上覆羽白色明显。

保护状况 保护级别：国家二级重点保护野生动物

红色名录等级：NT

地理分布 国内各个省区市均有分布。

生态类群 猛禽

写真宁夏

生态环境 栖息于平原和低山丘陵地带，尤其是平原上的湖泊、沼泽、河谷、草原、荒野以及低山、林间沼泽和草地，农田耕地、沿海沼泽和芦苇塘等开阔地区。冬季有时也到村屯附近的水田、草坡和疏林地带活动。

记录分布 分布银川、石嘴山、吴忠、中卫、固原，记录见于宁夏黄河以及两岸湖泊、农田、草坡和疏林地带，六盘山、贺兰山和罗山。

现状属性 易见鸟

图片注解 A 2021 年 12 月 12 日，石嘴山市惠农区。

B 2016 年 10 月 22 日，银川市永宁县。

C 2018 年 11 月 28 日，银川市贺兰县。

C

鹊鹞 | Pied Harrier *Circus melanoleucos*

基础链接

分类地位　鹰形目 Accipitriformes 鹰科 Accipitridae

外形特征　体长 42 ～ 48 cm。雄鸟整体为黑白两色；头部、颈部、前胸都为黑色；翅膀白色，外侧初级飞羽黑色且范围较大，覆羽具黑色条带，与背部黑色部分形成三叉形斑纹；腹部、尾羽、尾上和尾下覆羽白色。雌鸟整体棕褐色；胸部黄褐色具较明显棕色纵纹，腹部色浅纵纹少；翅下飞羽颜色较浅，有横斑。喙铅灰色。

保护状况　保护级别：国家二级重点保护野生动物

红色名录等级：NT

地理分布　国内除宁夏，新疆，西藏，青海，海南外，见于各省。

生态类群　猛禽

写真宁夏

生态环境　栖息和活动于开阔的低山丘陵和山脚平原、草地、旷野、河谷、沼泽、林缘、林中路边灌丛和沼泽草地，繁殖期后有时也出没于农田耕地和村庄附近的草地和丛林中。

记录分布　分布银川、石嘴山、吴忠、中卫、固原，记录见于芦苇湖边上空。

现状属性　难见鸟

图片注解　2017 年 4 月 8 日，石嘴山市平罗县。摄影 / 胡岩松

毛 脚 鵟

Rough-legged Hawk
Buteo lagopus

基础链接

分类地位 鹰形目 Accipitriformes 鹰科 Accipitridae

外形特征 体长 51 ～ 61 cm。雌雄相似，整体颜色偏黑。头部白色，具黑色斑纹；嘴基黄色，嘴端灰色；胸部具黑色斑纹；腹部偏白色，少斑纹；背部、翅上黑色，羽缘白色。

保护状况 保护级别：国家二级重点保护野生动物

红色名录等级：NT

地理分布 国内分布于黑龙江，吉林，辽宁，北京，天津，河北，山东，山西，陕西，内蒙古，宁夏，甘肃，新疆，云南，四川，湖北，江西，江苏，上海，浙江，福建，广东，台湾等。

生态类群 猛禽

写真宁夏

生态环境 栖息于低山丘陵、林缘地带、稀疏的针阔混交林、原野、耕地等开阔地带，并常和普通鵟一起活动。秋冬季节则多出现在低山丘陵和山脚平原地带。

记录分布 记录见于黄河两岸稻田及疏林。

现状属性 难见鸟

图片注解 A 2020 年 12 月 27 日，银川市贺兰县。

B 2017 年 1 月 21 日，银川市永宁县。

A

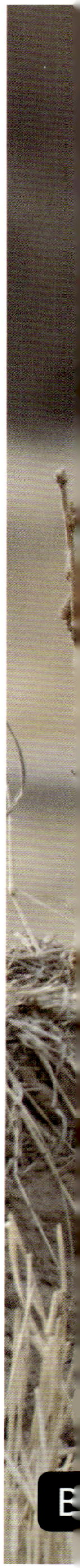

B

棕尾鵟 Long-legged Hawk *Buteo rufinus*

基础链接

分类地位 鹰形目 Accipitriformes 鹰科 Accipitridae

外形特征 体长 50 ~ 65 cm。雌雄相似，体色变化较大，有浅色型、棕色型和褐色型 3 种，一般以浅色型和褐色型较为常见。成鸟头部浅褐色；胸部皮黄色，具深褐色纵纹，腹部深褐色；翅下飞羽边缘黑色，翅上没有明显的翅窗；尾羽棕色。成鸟头顶较平、嘴较长是和其他种相比时本种所具有的特征。

保护状况 保护级别：国家二级重点保护野生动物

红色名录等级：NT

地理分布 国内分布于内蒙古，宁夏，甘肃，新疆，西藏，云南等。

生态类群 猛禽

写真宁夏

生态环境 栖息于荒漠、半荒漠、草原、无树的平原和山地平原，冬季有时也到农田地区活动。

记录分布 记录见于荒漠、半荒漠地域的电杆上，以及其附近湖泊的上空。

现状属性 难见鸟

图片注解 A、B 2020 年 4 月 25 日，银川市灵武市。

B

雕鸮 Eurasian Eagle-owl *Bubo bubo*

基础链接

分类地位 鸮形目 Strigiformes 鸱鸮科 Strigidae

外形特征 体长 59 ～ 73 cm。雌雄相似，体大而壮。成鸟头部黄褐色，棕黄色面盘显著，具明显深褐色耳羽簇；胸部、腹部黄褐色具深褐色纵纹，胸部纵纹比腹部的更加明显；背部黄褐色具深色斑纹；尾羽黄褐色具深褐色横斑。

保护状况 保护级别：国家二级重点保护野生动物

红色名录等级：NT

地理分布 国内分布于内蒙古，宁夏，甘肃北部，新疆，西藏，青海，云南西部，四川西部等。

生态类群 猛禽

写真宁夏

生态环境 栖息于山地森林、平原、荒野、林缘灌丛、疏林，以及裸露的高山和峭壁等各类环境中。

记录分布 记录见于六盘山、吴忠盐碱湖和石嘴山平罗稻田。

现状属性 难见鸟

图片注解 A 2019 年 7 月 6 日，六盘山。

B 2022 年 2 月 12 日，银川市贺兰县。

A

B

灰林鸮 Tawny Owl *Strix aluco*

基础链接

分类地位　鸮形目 Strigiformes 鸱鸮科 Strigidae

外形特征　体长 37～40 cm。头圆，无耳簇羽，面盘明显。橙棕色或黑褐色，上体暗灰色，呈棕色与褐色斑杂状，外侧翅上覆羽外翈棕白色，在翅上形成显著的棕白色翅斑。下体白色或皮黄白色。胸具细密条纹和虫蠹状斑。

保护状况　保护级别：国家二级重点保护野生动物

红色名录等级：NT

地理分布　国内分布于黑龙江，吉林，辽宁，北京，河北，山东等。

生态类群　猛禽

写真宁夏

生态环境　主要栖息于山地阔叶林和混交林中，尤其喜欢河岸和沟谷森林地带，也出现于林缘疏林和灌丛地区，较喜欢近水源的地方。在城市则栖息在墓地、花园及公园。

记录分布　记录见于六盘山。

现状属性　难见鸟

图片注解　A　2022 年 9 月 16 日，六盘山。

B　2022 年 7 月 9 日，六盘山。

A

短耳鸮 Short-eared Owl *Asio flammeus*

基础链接

分类地位　鸮形目 Strigiformes 鸱鸮科 Strigidae

外形特征　体长 35 ～ 40 cm。雌雄相似。成鸟棕黄色面盘显著，外缘白色；耳羽簇较短不明显，眼上及眼下连接成“X”形白色斑纹；颈部棕黄色密布密布明显的深褐色纵纹；胸部、腹部棕黄色具稀疏的深褐色纵纹；背部黄褐色具棕色斑纹；尾羽黄褐色具黑褐色横斑。飞行时翅尖黑色明显。

保护状况　保护级别：国家二级重点保护野生动物

红色名录等级：NT

地理分布　国内各省区市均有分布

生态类群　猛禽

写真宁夏

生态环境　栖息于低山、丘陵、苔原、荒漠、平原、沼泽、湖岸和草地等各类生境中，尤以开阔平原草地、沼泽和湖岸地带较多见。

记录分布　分布银川、石嘴山、吴忠、中卫和固原，记录见于水利干渠两侧疏林、湖泊周边疏林，冬季稻田。

现状属性　难见鸟

图片注解　A　2018 年 1 月 29 日，银川市永宁县。

B　2021 年 12 月 28 日，石嘴山市平罗县。

C　2018 年 2 月 11 日，银川市贺兰县。

红 脚 隼 | Amur Falcon *Falco amurensis*

基础链接

分类地位 隼形目 Falconiformes 隼科 Falconidae

外形特征 体长 25 ～ 30 cm。翅膀比较窄，翅端较尖。成年雄鸟头部深灰色；胸部、腹部灰色；翅上覆羽、背部深灰色，翅下亮白色的覆羽与深灰色飞羽形成明显的对比；尾下覆羽橙红色，尾灰色。雌鸟头部灰色，脸颊白色；胸部、腹部白色，具灰褐色斑纹；翅下密布灰褐色斑纹，翅的后缘深色，翅上、背部灰色；尾下覆羽浅橙色。

保护状况 保护级别：国家二级重点保护野生动物

红色名录等级：NT

地理分布 国内除海南外，其余各省区市均有分布。

生态类群 猛禽

写真宁夏

生态环境 栖息于低山疏林、林缘、山脚平原、丘陵地区的沼泽、草地、河流、山谷和农田耕地等开阔地区，尤其喜欢具有稀疏树木的平原、低山和丘陵地区。

记录分布 分布银川、石嘴山、吴忠、中卫和固原，记录多见于 8、9 月贺兰山东山坡下丘陵和草地地带。

现状属性 易见鸟

图片注解 A 2016 年 9 月 22 日，吴忠市青铜峡市。

B 2015 年 8 月 21 日，银川市西夏区。

C 2016 年 9 月 22 日。吴忠市青铜峡市。

B

C

游　隼　Peregrine Falcon *Falco peregrinus*

基础链接

分类地位 隼形目 Falconiformes 隼科 Falconidae

外形特征 体长 41 ～ 50 cm。雌雄相似，翅膀较为窄长。成鸟头部灰黑色，具一道宽大灰色髭斑；胸部白色，少斑纹；腹部白色或略带红色，具明显横纹；翅上覆羽、背部、尾羽黑灰色，翅下颜色较浅，覆羽具明显褐色横纹。

保护状况 保护级别：国家二级重点保护野生动物

红色名录等级：NT

地理分布 国内分布于黑龙江，吉林，辽宁，北京，天津，河北，山东，河南，山西，陕西，内蒙古，宁夏，甘肃，湖北，安徽，江苏，上海，浙江，海南，台湾等。

生态类群 猛禽

写真宁夏

生态环境 栖息在多种地带，包括山地、丘陵、荒漠、半荒漠、海岸、旷野、草原、河流、沼泽与湖泊沿岸地带，也到开阔的农田、耕地和村屯附近活动。

记录分布 记录见于半荒漠和湖泊湿地上空。

现状属性 难见鸟

图片注解 A 2019 年 11 月 26 日，石嘴山市平罗县。

B 2018 年 10 月 3 日，银川市永宁县。

摄影 / 阎肃

凤头雀莺 Crested Tit-warbler *Leptopoecile elegans*

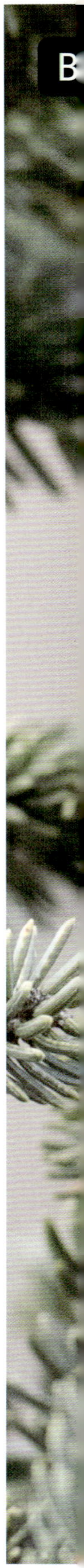

基础链接

分类地位 雀形目 Passeriformes 长尾山雀科 Aegithalidae

外形特征 体长 9 ～ 11 cm。雄鸟前额至顶冠银灰色，具一定长度的白色羽冠但一般仅向后披下而不竖起，无眉纹；头侧、颊部、颏部、喉部及颈部栗红色，但颏部和喉部栗色稍淡；背部、腰及翅上覆羽为蓝绿色，飞羽和尾羽黑褐色，但其外翈具较宽的天蓝色羽缘；下体自胸部向下栗棕色逐渐变淡，至尾下覆羽为皮黄色。部分个体两胁呈淡紫色。雌鸟顶冠为暗灰色或灰褐色，具较长的暗褐色眉纹；颊、耳羽及下体主要为灰白色，两胁及尾下覆羽略带淡紫色。

保护状况 红色名录等级：NT

地理分布 国内分布于内蒙古西部，宁夏，甘肃，西藏东部，青海东北部，云南西北部，四川等。

生态类群 鸣禽

写真宁夏

生态环境 夏季栖于冷杉林及以上的灌丛，可至海拔 4300 米。冬季下至海拔 2800 ～ 3900 m 的亚高山林带。是中国的特有物种。

记录分布 记录见于贺兰山。

现状属性 难见鸟

图片注解 A 2015 年 8 月 29 日，贺兰山。摄影 / 胡岩松
B 2016 年 11 月 9 日，贺兰山。摄影 / 吴宗凯

白眶鸦雀 | Spectacled Parrotbill *Sinosuthora conspicillata*

基础链接

分类地位　雀形目 Passeriformes 莺鹛科 Sylviidae

外形特征　体长 14 ～ 15 cm。雌雄相似。头顶至后颈棕色，眼周白色，头、颈其余部分和下体粉褐色；喉及胸部略具白色细纹，背部、两个翅膀及尾羽褐色。

保护状况　保护级别：国家二级重点保护野生动物

红色名录等级：NT

地理分布　国内分布于陕西南部，宁夏，甘肃，青海东北部，四川，重庆等。

生态类群　鸣禽

写真宁夏

生态环境　是中国特有鸟类。主要生活于较高的山地竹林及灌丛中。

记录分布　记录见于六盘山 。

现状属性　难见鸟

图片注解　A　2020 年 2 月 9 日，六盘山。摄影 / 郭志宏

B　2022 年 6 月 2 日，六盘山。

A

B

黑头䴓 Chinese Nuthatch *Sitta villosa*

基础链接

分类地位　雀形目 Passeriformes 䴓科 Sittidae

外形特征　体长约 11.5 cm。雄鸟头顶至枕部黑色，眉纹白色，贯眼纹黑色，颏部、耳羽至喉部白色；上体大部分为蓝灰色，飞羽黑褐色，羽缘色浅；下体皮黄色，略带灰色。雌鸟羽色与雄鸟相似，但头顶呈灰色，眼纹散乱。

保护状况　红色名录等级：NT

地理分布　国内分布于吉林东部，辽宁，北京，河北北部，山西，陕西南部，内蒙古中部和东部，宁夏北部，甘肃南部等。

生态类群　鸣禽

写真宁夏

生态环境　生活在北方低山至高山的针叶林及针阔混交林中。

记录分布　记录见于贺兰山、六盘山和罗山。

现状属性　难见鸟

图片注解　A　2015 年 9 月 18 日，六盘山。

B　2022 年 6 月 14 日，罗山。

C　2015 年 8 月 25 日，贺兰山。

A

B

C

绿背姬鹟

Green-backed Flycatcher
Ficedula elisae

基础链接

分类地位　雀形目 Passeriformes 鹟科 Muscicapidae

外形特征　体长 12～14 cm 雄鸟上体及背部绿色，腰黄，翼具白色块斑，具黄色眉纹，下体多为橘黄色。雌鸟上体橄榄灰，尾棕色，下体浅褐沾黄。与白眉姬鹟的区别在腰无黄色。虹膜暗褐色。嘴黑褐色或黑色，脚铅蓝色或黑色。

保护状况　红色名录等级：NT

地理分布　国内分布于北京，河北，河南，陕西，山西，内蒙古西部，宁夏，江西，上海，广东，广西南部等。

生态类群　鸣禽

写真宁夏

生态环境　栖息于山地阔叶林、针阔叶混交林和林缘地带，海拔高度可达 2000 m 左右。常单独或成对活动，多在树冠层枝叶间活动，从树的顶层及树间捕食昆虫，也飞到空中捕食飞行性昆虫。

记录分布　记录见于六盘山。

现状属性　难见鸟

图片注解　A、B　2022 年 6 月 1 日，六盘山。

黑头蜡嘴雀 Japenese Grosbeak *Eophona personata*

基础链接

分类地位　雀形目 Passeriformes 燕雀科 Fringillidae

外形特征　体长 20 ～ 22 cm。雌雄相似。喙黄色；头顶、眼先、眼周及颊前部黑色，颊部、喉部及耳羽、枕部和颈部均为灰色；背、腰及尾上覆羽灰色，大部分翅上覆羽和各级飞羽黑色，初级飞羽中部白色形成一小块白色翼斑；尾羽黑色，略具金属光泽。颏黑色，下体余部大致为灰色，仅尾下覆羽白色或灰白色。

保护状况　红色名录等级：NT

地理分布　国内分布于黑龙江，吉林，辽宁，北京，天津，河北，山东，河南，陕西，山西，内蒙古，宁夏，甘肃，云南，四川，重庆，贵州，湖北，湖南，安徽，江西，江苏，上海，浙江，福建，广东，香港，广西等。

生态类群　鸣禽

写真宁夏

生态环境　栖息于平原和丘陵的溪边灌丛、草丛和次生林，也见于山区的灌丛、常绿林和针阔混交林。夏季栖息于山区的针叶林带，有时深入郁林中，也见于针、阔叶混交林，但在迁徙时或游荡期多在丘陵和平原的杂木林或乔木林的高大树上。

记录分布　记录见于水利干渠两侧、城市公园的杂木林上，冬季喜欢在溢水冰上周边活动。

现状属性　易见鸟

图片注解　2019 年 1 月 2 日，银川市兴庆区。

黄　雀　Eurasian Siskin *Spinus spinus*

基础链接

分类地位　雀形目 Passeriformes 燕雀科 Fringillidae

外形特征　体长约 12 cm。雄鸟头顶与颏黑色，上体黄绿色，腰黄色，两翅和尾黑色，翼斑和尾基两侧鲜黄色；雌鸟头顶与颏无黑色，具浓重的灰绿色斑纹；上体赤绿色具暗色纵纹，下体暗淡黄，有浅黑色斑纹；雄鸟飞翔时可显示出鲜黄的翼斑、腰和尾基两侧。雌性成鸟：额、头顶、头侧和翕概褐色沾绿，而带黑褐色羽干纹；腰部绿黄，亦具条纹；下体淡绿黄或黄白色，并具些较粗的褐色羽干纹，胁部尤甚；余部同雄鸟。

保护状况　红色名录等级：NT

地理分布　国内除西藏外，见于各省。

生态类群　鸣禽

写真宁夏

生态环境　生活于山林、丘陵和平原地带，秋季和冬季多见于平原地区或山脚林带避风处。除繁殖期成对生活外，常集结成几十只的群，春秋季迁徙时见有集成大群的现象。

记录分布　记录见于冬季贺兰山和六盘山山脚下有水流的地域。

现状属性　易见鸟

图片注解　A　2018 年 3 月 18 日，银川市兴庆区。

B　2018 年 3 月 23 日，银川市西夏区。

C　2022 年 5 月 7 日，银川贺兰山。

参考文献

[1] 张雁云，郑光美，蒋志刚．中国生物多样性红色名录：脊椎动物第二卷鸟类 [M]. 北京：科学出版社，2021.

[2] 郑光美．中国鸟类分类与分布名录 [M].3 版. 北京：科学出版社，2017.

[3] 聂延秋．内蒙古野生鸟类 [M]. 北京：中国大百科全书出版社，2011.

[4] 赵正阶．中国鸟类志上卷（非雀形目）[M]. 长春：吉林科学技术出版社，2001.

[5] 赵正阶．中国鸟类志下卷（雀形目）[M]. 长春：吉林科学技术出版社，2001.

[6] 郭冬生，张正旺．中国鸟类生态大图鉴 [M]. 重庆：重庆大学出版社，2015.

[7] 王香亭．宁夏脊椎动物志 [M]. 银川：宁夏人民出版社，1990.

[8] 约翰·马敬能，卡伦·菲利普斯，何芬奇. 中国鸟类野外手册 [M]. 卢和芬，何芬奇，解焱，译．长沙：湖南教育出版社，2000.

[9] 傅景文．宁夏鸟类图鉴 [M]. 银川：宁夏人民出版社，2007.

[10] 刘振生．贺兰山脊椎动物 [M]. 银川：宁夏人民出版社，2009.

[11] 杜天奎，马金锋，张宁等．宁夏沙湖自然保护区春季鸟类群落组成及多样性研究 [J]．湖北农业科学，2012，51(15):3267-3275.

[12] 关克．银川的鸟 [M]. 西安：陕西人民教育出版社，2013.

[13] 余殿，尤万学，李志军等．宁夏哈巴湖国家级自然保护区鸟类多样性研究 [J]. 野生动物学报，2014，35(3):289-295.

[14] 王双贵，宋森，袁海龙．六盘山鸟类图谱 [M]. 银川：阳光出版社，2019.

[15] 翟昊，于洪贤，马国东等．宁夏鸟类新纪录遗鸥繁殖群及其生境初探 [J]. 野生动物学报，2019，40(1):196-199.

[16] 杨晨希，雷茜，聂洧，苏献文．宁夏鸟类新纪录—欧亚鸲、小太平鸟和长尾鸭 [J]. 野生动物学报．2022,43(03):858-860.

[17] 杨晨希，聂洧，张长流．宁夏鸟类分布新纪录—白肩雕 [J]. 野生动物学报,2021,42(1):286-288.